U0248643

城市绿色基础设施建设
理论与实践

赵海霞　著

本书系国家自然科学基金项目"供需视角下城市绿色基础设施格局演化、机理与调控——以南京市为例"（批准号：42371318）的最新研究成果。本书的调查、研究工作和出版均得到了国家自然科学基金的资助

科学出版社

北京

内 容 简 介

本书围绕"城市绿色基础设施建设理论与实践"展开研究，分理论篇和实证篇。理论篇系统梳理绿色基础设施理念的发展、概念与内涵，从学科交叉与理论融合视角探究当前研究架构特点及新时期趋向，介绍国内外不同城市化地区的实践应用与发展模式。实证篇通过构成要素结构、规模、布局的识别，研究绿色基础设施时空演化规律、驱动机理及其格局优化，尤其是供需影响因素及其测度、供需关系演进趋势、适配类型划定以及优化调控对策等，对研究领域的拓展与深化具有一定突破，而且对同类城市建设实践也将发挥重要指导作用。

本书可供从事生态环境保护、生态文明建设、区域规划与管理等方面的科研人员、工程技术人员、相关部门管理者及有关高校师生阅读和参考。

审图号：GS（2023）3265 号

图书在版编目（CIP）数据

城市绿色基础设施建设理论与实践 / 赵海霞著. —北京：科学出版社，2024.5

ISBN 978-7-03-074836-2

Ⅰ. ①城⋯　Ⅱ. ①赵⋯　Ⅲ. ①城市绿地-基础设施-研究-中国　Ⅳ. ①TU985.2

中国国家版本馆 CIP 数据核字（2023）第 023800 号

责任编辑：王丹妮 / 责任校对：姜丽策
责任印制：张　伟 / 封面设计：有道设计

科学出版社 出版
北京东黄城根北街 16 号
邮政编码：100717
http://www.sciencep.com

北京中科印刷有限公司印刷
科学出版社发行　各地新华书店经销

*

2024 年 5 月第　一　版　开本：720 × 1000　B5
2024 年 5 月第一次印刷　印张：14 1/4
字数：283 000
定价：**176.00 元**
（如有印装质量问题，我社负责调换）

序

　　绿色基础设施是维系人类社会经济运行与自然生态和谐共生的载体，是我国建设生态文明与推进新型城镇化的重要支撑，是建设美丽中国不可或缺的支撑要素。进入 21 世纪尤其十八大以来，城市绿色基础设施建设与发展对推动我国生态环境保护发生历史性、转折性、全局性变化起到了关键作用。截至 2021 年我国有 333 个地级以上城市、7 个超大城市、14 个特大城市，各类城市绿色基础设施建设的内容、规模、水平不尽相同，很多城市依然存在绿色基础设施建设不足、功能提升有待加强及保护修复力度依然较小等问题，亟需在建设人与自然和谐共生的美丽中国进程中予以极大关注。

　　我国绿色基础设施研究经历了二十余年的探索前行，但学科基础与理论研究仍相对薄弱、应用研究还有一定的局限性。从建设美丽中国的战略需求考虑，"城市绿色基础设施建设理论与实践"的研究将迎来重要发展机遇，赵海霞教授团队近年在该领域持续开展了相关研究，形成了丰富的成果积累，这本书在此基础上编撰出版，相信其能够对该领域的相关基础研究以及应用研究提供重要借鉴与启示。

　　全书共 10 个章节，分为理论篇和实证篇。

　　理论篇意在拓展与深化绿色基础设施基础研究。绿色基础设施起源于人与自然关系的研究，发展于生态学、土地科学等学科，历经萌芽、探索、形成和快速发展等阶段的演化，最终形成多学科交叉的研究体系。综合绿色基础设施理念的发展与实践研究的需要，从微观、中观、宏观尺度提出绿色基础设施的基本概念，通过与绿地生态网络、生态基础设施及绿色空间等相关概念的辨析，拓展了绿色基础设施的内涵与特征，并从研究尺度、功能作用、物质类型和空间形态等方面对绿色基础设施及其要素构成进行分类。在此基础上，基于国内外研究特点、前沿热点、发展趋向的比较分析，从学科关系视角构建了既与生态学、环境科学、规划与管理等学科相互交叉，又与发展和保护实践相互融合的绿色基础设施研究体系，为区域资源环境承载力、生态系统服务功能和城市生态安全格局构建等方面的理论研究提供了新的视角与新的认识。基于多类型、多尺度规划理念、目标、任务及措施的分析，从规划应用角度提出绿色基础设施呈现具体、渗透、交叉、融入的发展趋势，为相关规划与政策设计提供了理念支撑，已成为主体功能区规划、国民经济与社会发展规划、城市总体规划、国土空间规划、生态环境保护以及相关基础设施等规划优先考虑的约束条件，对推进我国新型城镇化、绿色低碳循环发展、生态系统保护修复等具有重要现实意义。

实证篇结合南京市绿色基础设施建设实践，通过数理统计与空间分析方法、计量经济学及空间分区模型方法的综合集成，揭示绿色基础设施自然生态与人文环境组分对历史时期和近现代南京市山水林田湖草空间结构与格局的深远影响，具有一定的原创性。通过构成要素规模、布局及其组合结构的动态变化分析，探究绿色基础设施时空演化规律及其驱动机理；从供给与需求角度切入，基于服务多元化提出绿色基础设施综合效应评价指标体系及其测度方法；通过供需匹配关系演进趋势分析，进行适配类型空间分区的量化表达，识别格局优化重点区及其短板，拓展与创新了绿色基础设施供需关系对格局优化作用机理的研究。根据供需空间匹配关系划定适配类型区，以适配类型差异、工程措施调控、决策管理优化为基础，区分优化调控的重点区域和一般区域，以提升要素质量为主线优化绿色基础设施斑块、廊道、网络。基于对绿色基础设施多元价值和综合目标的理解和统筹，从人文与自然领域交叉融合角度，提出供需均衡视角下绿色基础设施格局调控对策，以期实现南京市绿色基础设施的供需均衡发展。

绿色基础设施建设实践对贯彻新发展理念、推进生态文明建设、支撑绿色低碳循环发展具有重要意义，为城市韧性建设以及社会—经济—生态系统耦合协调发展提供支撑。同时，绿色基础设施多学科交叉融合的创新研究体系为发展我国城市生态系统科学的基础理论提供了新的启示。希望这本书的出版能够为更多城市建设研究者、管理者、规划设计师提供参考与借鉴。

目　录

理　论　篇

实　证　篇

理 论 篇

第1章　理念、概念与内涵

绿色基础设施（green infrastructure，GI）概念出现的时间不长，但其所蕴含的思想却有着悠久的历史。绿色基础设施理念起源于对人类与自然关系的研究，历史上丰富的思想、理论和研究成果为其概念的形成与内涵的发展做出了积极贡献。

1.1　理念的发展

从早期的土地资源保护运动开始，历经绿色空间的早期关注、工业化时代的景观生态学与保护生物学、环境主义运动、绿道运动以及作为战略性保护工具的生态框架等几个阶段，绿色基础设施理念不断发展完善，最终成为当前生态安全格局构建与生态文明建设的重要基石。

1.1.1　萌芽阶段：1850～1930 年

1. 早期的土地资源保护运动

"绿色基础设施"的理念最早起源于土地资源保护运动。土地资源是国家生态发展的物质基础，随着经济的飞速发展，人们对土地资源的利用开发强度与日俱增，对自然资源的破坏越来越严重，从而引发了一系列生态环境问题，严重影响了居民的生活质量，制约了经济的可持续发展。因此人们日益重视对土地等自然资源的科学利用和保护，并开始从政府层面推行一系列土地利用保护政策。

18 世纪末到 19 世纪中期，美国西部大开发采取的是掠夺式开发，不合理的土地利用破坏了美国西部地区生态系统结构和功能，使得西部大面积土地变成荒漠。19 世纪末期，土地荒漠化以及水土流失等土地退化灾害导致西部近 40.5 万 km^2 的土地被侵蚀和破坏。因此，19 世纪被称为美国有史以来对自然资源开发和掠夺最疯狂、最具有破坏性的时代。美国在西进运动中获得了较大利益，不仅扩大了本国的领土，振兴了西部地区的经济，还促进了整个国家的经济增长与发展，为建成强大的美国打下了坚实的基础。然而就在美国人因经济发展壮大而沾沾自喜时，美国部分科学家和环保人士开始担忧因土地开发而对生态造成的破坏。他们从理性的角度来看待人与大自然之间的联系，警示人们不可以随意地破坏自然，与此同时呼吁政界和公众保护自然资源。19世纪70年代保护自然资源的思想逐渐形成，美国兴起了资源和荒野保护运动，亨利·大卫·梭罗（Henry David Thoreau）、约翰·缪尔（John Muir）、乔治·帕金斯·马什（George Perkins Marsh）等就是其中的代表性人物。

荒野保护运动的思想最早起源于梭罗。1854年梭罗在《瓦尔登湖》（*Walden*）一书中号召美国人要以谦卑的态度对待大自然。1901年《我们的国家公园》（*Our National Parks*）出版，缪尔认为建立国家公园和自然保护区是对荒野的保护，可以为美国人的精神家园保留一份财富。同时缪尔创立了美国最具有影响力的群众性环保组织——塞拉俱乐部，在该俱乐部的推动下政府建立了一系列自然保护区。马什于1864年出版《人与自然》一书，主要探讨人类活动对环境的破坏性影响，提出通过立法等手段对森林资源进行保护和管理。美国林学家吉福德·平肖（Gifford Pinchot）在其著作《为了资源保护而奋斗》（*The Fight for Conservation*）中写道"自然资源不是无限的，人类应该对其充分合理地开发和利用，而不能以牺牲后代人的利益为代价"，这一思想为现代可持续发展奠定了基础。

19世纪晚期，美国联邦政府开始了对土地和自然资源的保护：建设自然保护区以及国家公园，对森林、农田和矿产资源等进行合理规划和保护。西奥多·罗斯福（Theodore Roosevelt）在就任总统期间，创立了美国林业局，以此来推行自然资源保护政策。1908年罗斯福总统在白宫主持召开全国资源保护会议，从国家层面开始对自然资源进行合理开发和持续高效利用。

2. 大尺度绿色空间融入城市

"绿色基础设施"的概念产生较晚，其是在对城市问题的探究和自然资源管理的认识过程中提出的，并得到越来越广泛的应用。在工业化初期对城市内部采取的是公园和开放空间建设，城市外部的乡村地区则进行自然资源的管理。城市公园、绿色空间的建设也成为"绿色基础设施"理念发展的开端。

19世纪的美国城市街道鲜有自然风光，楼房拥挤不堪，居住环境以及卫生条件恶劣，疾病瘟疫频发，居民渴望温暖的阳光、清新的空气以及优美的环境。美国景观设计大师弗雷德里克·劳·奥姆斯特德（Frederick Law Olmsted）在遍尝城市生活的种种苦痛之后，立志使城市变得明亮、亲和，他将公园引入城市、融于城市。他所设计的一系列公园，在喧嚣的城市中是平静、舒适、抚慰人心的圣殿，一定程度上帮助人们远离了城市的纷扰和喧闹。自1833年以来英国议会颁布了一系列允许利用税收建设城市公园和城市基础设施的法案。受英国经验的启发和影响，美国于1858年在曼哈顿的核心地区建设了第一个城市公园——纽约中央公园

（Central Park of New York），继而掀起了全美国的城市公园运动（the city park movement）。

奥姆斯特德的贡献不仅仅局限于公园设计。19 世纪 60 年代初，他提出公园道城市休闲娱乐系统等概念：利用公园道联系起城市中的公园和开敞空间，形成完整的休闲娱乐体系，公园道将把公园扩展到整个城市，并成为城市的主干道，新的居民区被连接起来，市郊社区将与城市相连。他的观点超越了城市的界线，将大都市当作一个整体，这一构想迈出了美国现代规划思维和方法的第一步，将美国的城市公园运动引导向系统网络发展。

在美国掀起城市公园运动后，欧洲及其他国家也在探索"让城市回到自然中去"的方法。1889 年，埃比尼泽·霍华德（Ebenezer Howard）出版了《明日——一条通向真正改革的和平道路》。霍华德和奥姆斯特德的理念被视为绿色基础设施思想的理论起源。霍华德的"田园城市"的设想是围绕大城市建设自给自足、分散独立的田园城市，把生动活泼的城市环境和美丽愉快的乡村环境和谐地组合，有机融合城市生活与乡村生活。英国分别于 1908 年和 1924 年建造田园城市莱奇沃思（Letch worth）和韦林（Welwyn），并在此基础上发展了卫星城镇（satellite town）。卫星城镇是指在距主城一定距离的周边区域发展的子城，宽阔的绿带环绕在卫星城镇外围，使之处于广阔的绿色背景之中。

在霍华德出版《明日——一条通向真正改革的和平道路》一书之后，1915 年，英国生物学家、规划师帕特里克·格迪斯（Patrick Geddes）在他的《进化的城市——城市规划与城市研究导论》一书中提出"生态区域"的概念，系统地从人与环境的关系来分析现代城市发展的变化，并且在规划部分根据城市自然环境条件的潜能来制定人与自然和谐共生的策略。受《进化的城市——城市规划与城市研究导论》影响，芬兰建筑师埃列尔·萨里宁（Eliel Saarinen）创建了有机疏散（organic decentralization）理论，他提出了城市从集中的布局方式变成既联系又分散的城市联合体的设想，其中绿化带网络为城区之间提供隔离、交通走廊以及新鲜空气等，城市与自然的有机结合对未来城市绿化建设发展有着长远且积极的影响。

1.1.2 探索阶段：1931～1960 年

1. 工业化时代的环境保护

1931～1960 年，社会生产力水平的提高助推城市空间大规模扩张，土地资源为农业发展提供了广阔而肥沃的土地，也为工业化发展提供了丰富的自然资源。然而，在工业文明发展的过程中，环境污染破坏与工业化相伴而生，随着工业化规模的不断扩大、重工业的迅猛发展，产生了越来越严重的环境问题，大规模开发土地使森林资源迅速减少，同时农业和畜牧业的繁荣发展消耗了大量的自然资源，造成生态环境的严重破坏。此外，城市化进程不断推进，人口迅速膨胀，资源需求不断增长，导致资源型城市资源枯竭和环境恶化。

自 20 世纪 30 年代以来，全球集中爆发了多起威胁人类生存的特大生态环境灾害事件。1930 年比利时出现生态环境灾害事件，位于比利时西部的马斯河谷工业区气候变化异常，有毒气体集聚在上空难以消散，造成大量牲畜和市民死亡或感染疾病；1952 年英国伦敦上空气候变化异常，空气平静无比，没有任何流动，逆温层笼罩整个伦敦上空，大量工业废气、CO 等有毒气体进入伦敦上空无法扩散，造成数千人死亡的严重惨案；美国洛杉矶在 1940 年到 1970 年因城市上空被大量烟雾笼罩，被称为"美国的烟雾城"，烟雾的成分主要是由碳氢化合物与空气中其他成分发生化学作用形成的有毒气体，烟雾滞留在空气层难以扩散，洛杉矶在 1952 年和 1955 年爆发光化学烟雾事件，造成大量老人不幸遇难；20 世纪 60 年代，日本四日市大量兴建石油化工企业，石油冶炼以及工业燃油产生的废弃物严重污染了四日市的空气，四日市市民集体暴发哮喘。事件爆发后，各国相继调查事件起因，并制定了大量以清洁空气为目的的环境保护政策。这一系列的特大生态环境灾害事件都是由气候变化异常引起的，给人类敲响了警钟。如果任由这种发展方式持续下去，会有越来越多的地方爆发生态灾害事件，破坏程度将会越来越大，直至进一步危及人类生存。全球急需寻找一种新的发展模式，一方面兼顾经济发展，另一方面保护人类赖以生存的生态环境。从这样的初衷出发，便产生了一种顺应时代发展规律的模式，克服传统模式顾此失彼的缺点，兼顾以上两者，达到双赢的效果，以保护生态环境为契机，实施低碳发展策略，保护和扩大绿色空间。

这一时期，在工业发展的同时，环境保护也得到重视。20 世纪 30 年代，美国著名环境保护主义者和环保先驱人物奥尔多·利奥波德（Aldo Leopold）在《沙乡年鉴》中提出尊重和平等对待大自然的"大地伦理"学说。他的"大地伦理"思想试图改变人类支配和控制大自然的欲望，尊重非人类的自然存在物。他提出土地共同体这一概念，认为土地不光是土壤，还包括气候、水、植物和动物等。大地伦理则是要把人类从以土地征服者的角色，转换成土地共同体中平等的一员和公民。它暗含着对每个成员的尊敬，也包括对这个共同体本身的尊敬，任何对土地的掠夺性行为都将带来灾难性后果。利奥波德将生态系统的整体、和谐、稳定、平衡和可持续性作为衡量一切事物的根本尺度。真正的大地伦理应当将人类视为"生物共同体中的一个成员"并自觉维护大地共同体的伦理。"我们尊重整个大地，不仅是因为它有用，更是因为它是活的生命存在体。"他进一步提出了生态整体主义的核心准则："有助于维持生命共同体和谐、稳定和美丽的事就是正确的，否则就是错误的。"这个准则的提出是人类思想史上石破天惊的大事，标志着生态整体主义的正式确立，标志着人类的思想经过数千年以人类为中心的发展之后，终于超越了人类自身的局限，开始从生态整体的宏观视野来思考问题。

因城市化、工业化导致的干旱、沙尘暴和洪水等自然灾害不断袭扰，保护自然资源与生态环境成为当时社会的共识。生态学经过几个世纪的演变已发展成为一门独立的学科，植物群落、生态系统等理论的研究开始将土地当作有生命的有机物来看待，赋予了自然资源保护动态的生命力。随着土地保护日益受到关注，生态学原理被引入土地资源保护的一系列研究与实践中，成为综合的研究对象。

2. 区域景观规划的兴起

20 世纪 30 年代，随着城市的蔓延和小汽车的普及，人们频繁地通勤于主城与郊区之间，游憩需求也不断增长，这极大促进了公园道的发展。与货运和客运的公路不同，公园道不一定是直线，它建在风景秀丽的沟壑区，顺应地形，沿河湖岸而立，将舒适的酒店和野餐区设置在环境优美的地方。公园道一般分为三个部分：第一部分和城市道路网连接，直通市中心；第二部分直接穿过原野和森林；第三部分在郊区森林公园中以终端的环路、广场或者长短不一的分散支路延伸至边界。公园道最初是为处理交通而设置的一种重要的公共空间，在其发展过程中逐渐将景观、遗产保护和游憩等多种功能区域规划相结合。

20 世纪以来城市郊区化进程加快，围绕汽车规划的社区千篇一律、缺乏生机，引起大众的不满。当时一些具有强烈社会责任感的规划师、学者于 1923 年 4 月成立美国区域规划协会（Regional Planning Association of America, RPAA），希望通过实践霍华德的田园城市和格迪斯的区域观念，来改善社区环境，进而最终改善整个城市化区域环境。本顿·麦凯（Benton Mackaye）是 RPAA 发起人之一，也是最早关注区域景观规划需求的规划师之一。他认为景观元素是防止城市蔓延的天然屏障，对于生态系统保护脆弱的地区十分重要，应在城市扩张的过程中对高山、河流、河谷、陡坡、河滩、沼泽、湖泊和海岸线等给予保护。麦凯为阿巴拉契亚步道（Appalachian Trail）所做的概念规划被视为区域景观规划的里程碑，也被视为最早的"绿道"，这条全长约 3219 km 的步行道更好地维持了荒野地原始状态和乡村环境的关系，成为美国西部开发的缓冲地带。阿巴拉契亚步道项目通过创建游憩设施综合体，在满足城市居民对游憩空间需求的同时，促进了该地区经济和生产活动的发展，这是通过区域景观规划恢复经济活力的探索实践。

景观概念的延展也得益于地理科学的发展。1935 年英国生态学家阿瑟·坦斯利（Arthur Tansley）提出生态系统的概念：生态系统就是在一定空间中共同栖居着的所有生物（即生物群落）与其环境之间由于不断进行物质循环和能量流动过程而形成的统一整体。生态系统包括生物群落及无机环境，它强调的是系统中各个成员的相互作用，所以几乎是无所不包的生态网络。在 20 世纪 60 年代之后，生态学将人类活动作为景观系统的因子，在做景观规划时充分考虑人类活动的影响，这对生态景观建设发展具有深远影响。

20 世纪 30 年代，美国正处于经济大萧条阶段，政府对国民建设和经济活动进行了干预。罗斯福新政期间，美国政府试图通过修建大型项目来解决经济大萧条带来的社会问题。1935 年，美国农业部内部设立安置局（Resettlement Administration），其规划了四条"绿带"城，即马里兰州的绿带（greenbelt）、俄亥俄州的绿山（green hill）、新泽西州的绿溪（greenbrook）和威斯康星州的绿谷（greendale）。绿带规划成为当时绿色城镇规划的普遍模式。城镇被宽阔的绿带包围，人们可以方便到达公园、人行道和乡村。英国议会在 1938 年通过了《绿带法案》（*Green Belt Act*）。在 1944 年大伦敦的规划方案中，英国为了改善城市环境、控制城市无止境的蔓延以及鼓励新城发展、阻止城市连体等设置了一条 8～15 km 宽的绿带环绕伦敦。

1.1.3　形成阶段：1961～2000 年

1. 环境保护运动的启示

20 世纪中叶，科学技术的迅猛发展使得人类对大自然的索取更加肆无忌惮，大规模掠夺性的资源开发造成严重的环境污染，引发的生态危机触目惊心，使人类的生存与发展受到严重威胁，由此环境问题对人类敲响警钟。

20 世纪 60 年代，杀虫剂在研制出来不过十几年的时间里就造成了大范围的影响。剧毒杀虫剂虽然在短期内起到了杀虫的效果，使粮食产量得到了提高，但其毒性物质贻害无穷。美国科学家蕾切尔·卡森（Rachel Carson）较早开始关注化学污染所带来的生态危机。1962 年，卡森在《寂静的春天》一书中用大量科学事实提醒人们过量使用农药会造成污染危害，生态将会因为化学杀虫剂而遭到破坏，地球将会变成毫无生机的墓地。美国政府从这本书中得到了警醒，开始调查剧毒杀虫剂，并在 1970 年成立了国家环境保护局，颁布了禁止生产以及限制使用剧毒杀虫剂的法律。

在世界环境运动史中，《寂静的春天》被认为是现代环境运动的标志性起点，该书首次对人类原有的自然观念提出了科学的挑战，这种挑战不仅在学界引起了巨大的争议，也在现实社会中引致环境运动的全面爆发。20 世纪 60 年代一批关注环境保护的专业环境组织成立，如荒野协会、绿色和平组织、塞拉俱乐部、地球之友、大自然保护协会等，随着对自然环境的接触和了解，从保护某一物种到关注某一自然资源进而扩大到对自然环境的整体保护上。自《寂静的春天》出版后陆续出现对环境思考的论著，如保罗·埃利希（Paul Ehrlich）的《人口炸弹》

（1968 年）揭示人口膨胀的事实与后果，呼吁人们必须注意生育控制的问题；巴里·康芒纳（Barry Commoner）的《封闭的循环——自然、人和技术》（1972 年）对整个生态环境进行了系统性分析思考，揭示了生态环境恶化的本质，并提出了著名的生态学四法则。这些书籍引发了公众关于环境问题广泛而热烈的讨论，从而暴露出越来越让人们局促不安的现实环境问题，使生态伦理、生态系统、生态观念等理念更能为公众所接受、了解和认同。

环境保护运动的高涨同时在政治上产生了巨大的影响，政府也参与到对自然资源和开放空间的保护活动中。美国在 1964 年通过了《荒野法案》，为划定联邦土地区域并维持其自然形态提供了法律依据。1968 年，美国通过了《国家自然与风景河流法案》和《国家遗产保护法案》。这些法案形成了独立的体系，在此背景下，某些具有优美风景以及娱乐、地质、文化、历史和其他价值的河流与遗迹可能被国会纳入国家保护体系，同时，联邦土地管理机构为其制定具体计划。1970 年的《国家环境政策法案》要求联邦机构提出能够给环境带来重大影响的行动，然后对其进行评估，在接受公众的评论后，最终形成一个合理的行动方案。1973 年颁布的《濒危物种法案》是将联邦政府管理的土地转向"生态系统管理"的起源。1974 年，《森林和牧地可更新资源规划法案》要求林务局定期评估国家长期的需求以及所有可更新资源的供给状况，并作进一步规划以满足预测的资源需求。1976 年《国家森林管理法案》为国有林地的管理提供了详细的指导原则，促进了公众对国家森林管理决策的参与。环境保护运动在当时是进步的，对提升人们的环境保护意识起到积极的作用，使人们对自然的态度更加理性。

2. 生态系统研究

随着城市化和工业的发展，人们开始注重以系统的观念去治理生态环境问题，对城市生态系统、区域生态系统及复合生态系统的研究逐渐增多。生态系统是指在一定的时间和空间内，生物和非生物之间构成的统一自然综合体，通过不断的物质循环和能量转化而互相影响、相互制约，最终处于相对稳定的动态平衡。它既是物种和遗传基因多样性的载体，又是景观多样性的组成结构单位，生态系统的范围可大可小，相互交错。在一定的区域内，即使是相似的自然条件，也存在着多种多样的生态系统。一个相对稳定的生态系统及其多样性能够提供涵养水源、保持水土和净化空气等功能，可分为森林生态系统、草地生态系统、水域生态系统、农田生态系统和建设用地/裸地生态系统五类生态系统。

生态学理论被认为是人类寻求解决当代重大社会问题的科学基础之一。在当代若干重大社会问题中，无论是粮食、能源、人口和工业建设所需要的自然资源以及有关环境问题，都直接或间接关系到社会体制、经济发展状况以及人类赖以生存的自然环境。随着城市化的发展，城市与郊区环境的协调问题相应突出。虽然社会、经济和自然是三个不同性质的系统，都有各自的结构、功能及其发展规律，但它们之间的存在和发展，又受其他系统结构、功能的制约。此类问题显然不能被单一地看作社会问题、经济问题或自然生态学问题，其是若干系统相结合的复杂问题，因此称其为社会-经济-自然复合生态系统问题（马世骏，1981）。社会-经济-自然复合生态系统示意图，如图 1.1 所示。

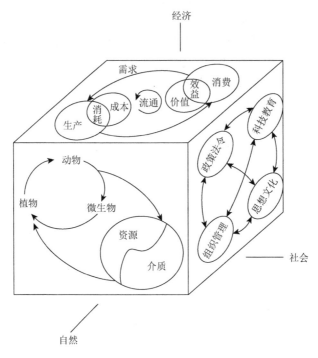

图 1.1　社会-经济-自然复合生态系统示意图

从复合生态系统的角度出发，研究各亚系统之间纵横交错的相互关系——其间物质、能量、信息的变动规律与效益、风险和机会之间的动态关系，是一切社会、经济、生态学工作者以及规划、管理、决策部门的工作人员所面临的共同任务，也是解决当代重大社会问题的关键所在。社会系统受人口、政策及社会结构的制约，文化、科学水平和传统习惯都是分析社会组织和人类活动相互关系必须考虑的因素。价值高低通常是衡量经济系统结构与功能适宜与否的指标。物质的输入输出、产品的供需平衡以及影响扩大再生产的资金积累速率与利润，是分析经济经营水平的依据。随着科学技术的进步，自然界为人类生产提供的资源，在量与质方面不断扩大，但也是有限度的。稳定的经济发展需要持续的自然资源供给、良好的工作环境和不断的技术更新。大规模的经济活动必须通过高效的社会组织与合理的社会政策,才能取得相应的经济效果;经济振兴必然促进社会发展,增加资本积累,提高人类的物质和精神生活水平,促进社会对自然环境的保育和改善(图 1.1)。

城市复合生态系统理论研究的核心是生态结构的合理组合,具体涉及城市生态物质和社会学诸多因素的变异性、层次性、和谐性和演绎性,其宗旨在于生态整合。例如,系统结构整合包括生物链的能量流动以及物质循环、环境物理、环境化学因素等,城市众多自然生态因素,科技含量与人力资源因素和社会文化因素组合体的比例、变异和多样性;过程整合包括研究生物物种能量传递、信息沟通、平衡反馈,生态演替和社会经济过程的运作模式畅达、稳定程度;功能整合包括城市的生产、流通、消费、还原和调控功能的效率及和谐程度。城市复合生态系统理论研究与传统科学研究的区别在于将整体论同还原论、定量分析和定性分析、客观评价与主观认知、宏观调控和中观及微观的需求协调、区域竞争潜能与整体系统的相互依托、资源和能源信息等进行综合平衡和调配,同时还涉及共生和再生能力的循环,生产流通、消费与还原功能的运作,社会、技术经济与环境目标的结合,结构与次序、空间与时间、能量与物质的统筹,科学、人文、经济与工程技术方法的统一等方面的研究,为生态城市规划目标体系的制定提供了广阔的思维空间和经济、健康、文明三位一体的合理建构框架。

3. 生态规划研究启示

环境保护和生态思想的宣传和普及提升了全社会生态意识,更带来了规划设计专业的历史性变革。从早期的空想主义到 20 世纪 60 年代生态理论的深入研究,再到 20 世纪 70 年代能源危机带来的绿色运动,以及从可持续发展思想的提出到生态环境保护思想逐步深入人心,近现代生态运动构成了生态规划设计实践的时代背景,对绿色基础设施理念的形成起到了直接的推动作用。

20 世纪 50 年代以来形成了以生态系统理论为特征的现代生态学。1953 年,美国生态学家尤金·奥德姆(Eugene Odum)将多种生态科学聚集到一起,把整体环境视为一体。城市化进程使得生境破坏现象突出,在被城市、工农业用地包围的岛屿状生境中存在许多生物隔离现象,生物的数量急剧减少,对生物多样性造成了严重的破坏。为保护生物多样性而产生了保护生物学,1967 年麦克阿瑟(MacArthur)和威尔逊(Wilson)创立岛屿生物地理学(island biogeography)理论,在建立斑块大小与斑块中物种数目间的关系的同时,从动态方面阐述了物种丰富度与面积、隔离程度之间的关系,从而充分理解城市中孤立栖息地的自然和生物多样性格局。

20 世纪 60 年代以后的生态规划更多地从生态学相关理论和方法中汲取营养,为绿色基础设施的理论提供基础,将生态学理论与方法应用于规划之中是未来规划学家的研究方向。伊恩·L. 麦克哈格（Ian L. McHarg）被誉为"20 世纪最伟大的景观设计师和生态规划的倡导者"，1969 年出版了《设计结合自然》(*Design with Nature*)。麦克哈格建立了一个城市与区域规划的生态学框架，形成了一套基于土地适宜性评价的景观生态规划方法。这一方法可以总结为：基于对区域自然环境与自然资源的评价分析，根据自然要素在进化过程中的作用和价值大小，对其进行生态适应性分析，以确定利用方式与发展规划，并按照其价值等级体系，提出土地利用的准则。麦克哈格的"千层饼模型"（layer cake model）是以因子分析和地图叠加技术为核心的生态主义规划方法，通过地图叠加技术测定所在区域的适宜性，以此确定城市开发建设的可行性。其适应性分析方法与叠图分析法是这一时期生态保护规划的核心方法与技术。

20 世纪 80 年代后，随着全球生态环境保护意识的不断提高，在复合生态系统思想、可持续性发展理论以及 GIS（geographic information system，地理信息系统）技术的推动下，生态学研究的重点由以生物界为中心转向了以人类社会为中心，从而出现了生态学与社会科学愈益结合的发展趋势，生态规划的理论和方法得到新的开拓，生态规划方法趋向整体、综合。生态规划经历了从单目标到多目标、从局部分析到整体优化、从景观分化到景观综合的过程。

景观规划与景观生态学研究在 20 世纪 70 年代取得了非常大的进展。自 1986 年福尔曼（Forman）和戈德罗恩（Godron）发表《景观生态学》这一著作以来，美国的生态学家、地理学家、景观设计师、规划师和历史学家的合作日益增加，多学科交叉为景观规划提供了一个概念框架，在这个框架之下规划师和设计者能够探究土地结构及生态过程的演进方式。如果说景观是人类过程和自然过程的界面，那么景观生态学则是这两种过程交流的介质。此外，景观生态学还把景观看作由多个相互作用的生态系统组成的镶嵌体，各生态系统通过能量流和物质流相联系。景观生态学在保护规划中以生物多样性为出发点，强调自然斑块的系统连接性，保护具有生态价值的区域，其思想已融入绿色基础设施实践中。

随着生态学、保护生物学、景观生态学的不断发展，人们对自然资源的保护意识不断增强，生态规划越来越趋向综合性。20 世纪 60 年代以自然生态为主导的规划方法与当时的环境运动主流思想相适应。20 世纪 70 年代后随着自然生态因素研究的不断深入，研究者开始意识到在城市规划中单纯考虑自然因素有一定的局限性，而生态规划重视人文生态因素的影响力，之后逐渐形成了自然和人文生态相融合的整体性规划方法，在不断满足人们对物质及文化生活需求的同时也给人们创造了优美的生态环境，因此生态规划具有促使社会、自然以及经济持续发展的积极作用。

随着研究的深入，人们对自然保护的关注从自然资源较为丰富的地区转向了连接系统。20 世纪中叶美国各州开始尝试将本州的各类绿地空间进行连通。最初的绿道是以游憩为主,沿着河流、溪流、运河以及废弃的铁路线而建的游步道。20 世纪 60 年代,包括威廉·怀特（William White）在内的城市规划师在各种著述中用绿色通道来描述开放空间底道。20 世纪 70 年代开始有了"绿道"概念。1985 年,帕特里克·努南（Patrick Noonan）创立保护基金（The Conservation Fund）,1987 年的美国总统委员会《美国户外报告》中极力提倡"畅想未来:有生命的绿道网络",自此在全美范围内推行绿道计划。1990 年查尔斯·利特尔（Charles Little）的代表作《美国绿道》出版,在非政府组织中起到了举足轻重的作用。环境保护委员会、"废弃铁路变步道"保护协会（Rails-to-Trails Conservancy,RTC）以及土地信托联盟是三个著名的绿道组织。截止到 2022 年 11 月,美国一半以上的州都进行了不同程度的绿道规划和建设,认识到了绿道网络在经济利益、环境保护以及美学上存在的巨大价值。

4. 生态安全格局

俞孔坚（1999）提出景观安全格局的概念,景观中存在着某种潜在的空间格局,它们由一些关键性的局部、点及位置关系构成。这种格局对维护和控制某种生态过程有着关键性的作用,不论景观是均相的还是异相的,景观中的各点对某种生态的重要性都是不同的。其中有一些局部、点和空间关系对控制景观水平生态过程起着关键性的作用。如上所述,这些景观局部、点及空间联系构成景观生态安全格局。它们是现有的或是潜在的生态基础设施（ecological infrastructure）。在一个明显的异质性景观中,生态安全格局组分是可以凭经验判别的,如一个盆地的水口、廊道的断裂处或瓶颈、河流交汇处的分水岭。但是在许多情况下,生态安全格局组分并不能直接凭经验识别到,必须通过对生态过程动态和趋势的模拟来实现。生态安全格局对控制生态过程具有重要的战略意义。①主动优势:一旦某种生态过程占领了生态安全格局组分,就会有先入为主的优势,有利于全局或局部的景观控制。②空间联系优势:生态安全格局组分被某种生态过程占领后有利于在孤立的景观元素之间建立空间联系。③高效优势:在生态过程控制中实现物质能量的高效和经济,从某种意义上讲,高效优势是生态安全格局的总体特征,它也包含在主动优势和空间联系优势之中。以生物保护为例,一个典型的生态安全格局包含源、缓冲区、源间连接、辐射道、战略点等景观组分。

针对区域性生态环境问题及其干扰来源的特点,通过合理构建区域生态安全格局来实施管理对策,抵御生态风险是目前区域生态环境保护研究的新需求,也是生态系统管理能否成功的关键步骤。因此,提出区域生态安全格局（regional ecological security pattern）的概念,将其定义为针对区域生态环境问题,在干扰排除的基础上,能够保护和恢复生物多样性,维持生态系统结构和过程的完整性,构建对区域生态环境问题进行有效控制和持续改善的区域性空间格局。

5. 绿色基础设施概念正式出现

20 世纪 80 年代，北美绿道运动的迅速发展推动了绿色空间网络的理论和实践研究。绿色空间网络规划以景观生态学和保护生物学为基础学科，对自然景观与城市进行整体化建设，使城市与自然达到和谐发展的状态。绿色空间网络是核心区、廊道、恢复区、自然发展区等共同构成的复合网络；生境的面积、形状、比例和空间分布、时空上的连续性、内部结构的变化以及相邻群落的生态对比度等参数成为绿色基础设施网络的重要组成部分。

多功能复合、多层次、多目标的生态规划方法研究成为时代所需。1984 年联合国教育、科学及文化组织在人与生物圈计划报告中首先提出了生态基础设施概念，推动了绿色基础设施研究在全球范围内的发展。20 世纪 90 年代，可持续性发展成为各国的发展目标，绿色基础设施因是可持续发展的重要支撑而成为关注的焦点。在 2009 年 5 月获得美国总统可持续发展委员会的官方认可，《走向一个可持续的美国》中将绿色基础设施的意义与价值提升到了"国家的自然生命支持系统"的高度。绿色基础设施成为一个预先确定的具有生态意义和可持续性开发区域的成长框架。

1.1.4　快速发展阶段：2001 年至今

1. 绿色基础设施建设成为世界各国生态发展的必然选择

绿色基础设施概念在 20 世纪末和 21 世纪初成为一个广受学界和政府关注的理念，其研究者和机构组织广泛分布在北美与欧洲。美国在 2000 年通过佛罗里达大学地理规划中心完成了以 GIS 分析为基础的东南区绿色基础设施规划的框架，其建设由州立绿道系统连接，包含佛罗里达州 30 多个自然保护区和休闲旅游地。2001 年马里兰州为减少因发展带来的土地破碎化等的负面影响，推行了全州网络系统的绿图计划，并于 2005 年发展了功能性完善且庞大的绿色基础设施系统，形成了与之相对应的评价体系。2007 年纽约针对 2030 年的城市规划，提出以绿色基础设施为理念、以"更绿色、更美好的纽约"为目标的新一轮综合规划，2030 年将纽约市建成"21 世纪第一个可持续发展的城市"。绿色基础设施的概念传入欧洲后也引起了广泛关注，2005 年英国伦敦东区的绿色网格规划、2007 年英国东北部的蒂斯河谷（Tees Valley）的绿色基础设施战略规划、2008 年英国西北部地区编制的绿色基础设施规划导则等均是对绿色基础设施规划与建设的有益探索。2009 年欧盟委员会的《适应气候变化白皮书：面向一个欧洲的行动框架》、2010 年联合国环境规划署（United Nations Environment Programme，UNEP）倡导下的生态系统和生物多样性经济学（The Economics of Ecosystems and Biodiversity，TEEB）项目发布报告呼吁各国积极发展绿色基础设施。欧盟于 2013 年 5 月通过题为"绿色基础设施——提高欧洲的自然资本"的新战略，目的在于加强绿色基础设施以达成经济效益和环境保护的共赢。此举更是从战略高度推动了绿色基础设施的建设和发展。绿色基础设施也被认为是实现 2020 年欧盟生物多样性战略的主要途径。

2006 年出版的由马克·A.贝内迪克特（Mark A. Benedict）和爱德华·T.麦克马洪（Edward T. McMahon）共同编写的《绿色基础设施：连接景观与社区》（*Green Infrastructure：Linking Landscapes and Communities*），从景观层面对绿色基础设施的定义和价值进行探讨。通过生动的案例阐述了精明保护的原理：通过对大尺度的思考、整合行动规划、保护和管理我们的自然并恢复那些有价值的土地来说明绿色基础设施的网络设计及其应用实践等内容。2001 年塞巴斯蒂安·莫法特（Sebastian Moffatt）撰写的《加拿大城市绿色基础设施导则》（*A Guide to Green Infrastructure for Canadian Municipalities*）发表，其全面介绍了绿色基础设施的概念、核心特征及其若干生态学内涵。伊恩·梅尔（Ian Mell）2012 年出版的《绿色基础设施：概念、感知及规划应用》（*Green Infrastructure：Concepts，Perceptions and Its Use in Planning*），介绍了绿色基础设施规划在欧洲和北美的研究和应用，分别就其在规划策略、战略思考、功能多样化等方面展开阐述，说明绿色基础设施是应对景观规划面临复杂挑战的有效途径，并已成为当今各国规划设计界的研究热点。除了研究者之外，一些官方和民间机构也积极投身于绿色基础设施研究，包括美国保护基金会、英国西北绿色基础设施智囊团（The North West Green Infrastructure Think-Tank）、英国景观学会（Landscape Institute）、欧盟委员会等机构，这些重要机构的加入对这一领域的研究和实践起到了积极的推动作用。绿色基础设施概念在多年的快速发展中逐渐演变为具有多元价值体系的复合型概念。以绿道为基础发展而来的美国绿色基础设施建设主要解决美国城市大规模蔓延问题，而欧洲的绿色基础设施则把重点放在维持生物多样性、保护野生动物栖息地上，注重城市内外绿色空间系统的质量，以及在塑造城市景观、提升公众健康等社会方面的重大作用。不仅如此，美国、加拿大等部分国家将暴雨疏导系统、雨水收集系统及其他与绿色生态技术相关的工程建设和绿色基础设施相联系，构建绿色隔离带，降低城市面源污染。作为一种精明保护和发展策略，绿色基础设施为新形势下城乡区域的发展开拓了新思路，在世界各国日益被重视和广泛地使用。

2. 绿色基础设施是解决城市生态环境问题的有效途径

自工业革命以来，世界各国的城镇化进程快速发展，城市规模不断扩大、建设用地大幅扩张、城市人口持续膨胀，随之而来的是土地资源及生态环境不断遭到破坏，生态空间破碎化、生物多样性降低、生态空间人工化、生态空间分布不均等诸多环境问题，因此生态环境的保护成为人们面临的迫切问题。同时，随着绿地等自然生态要素被大量侵占，大规模且持续的城市建设、道路修筑、水利工程及农田开垦等人类活动造成自然景观的人为阻断和基质破碎化，大量动植物迁徙廊道以及生物栖息地逐步减少，甚至开始消失，自然生态过程受到破坏，削弱了城市生态系统服务与可持续发展能力。以半自然及人工要素为主体的城市公园，是城市居民接触自然环境最直接、最有效的场所，是人们缓解精神压力、消除不良情绪、减少心理疲劳、进行体育活动的重要空间。然而，大量居住区割裂了城市中原本相连的生态空间，形成一个个被孤立的斑块，生态空间服务能力逐渐难以满足居民日益增长的需求，人们对良好城市生态环境质量的诉求不断提升，作为自然生命支持系统的一部分，绿色基础设施核心要素如森林、水系、草地、公园、绿道等对城市生态环境安全的保障起着关键作用，承担着提升人类及其生存环境质量的重要作用，是解决生态环境问题、推进城市绿色发展的有效途径。因此，积极开展适应城市及区域发展需要的绿色基础设施相关研究具有重要现实意义。

3. 多元需求驱动绿色基础设施系统科学规划与建设

在固碳增汇需求不断增加、经济绿色转型对生态环境质量的要求不断提高、城市居民对美好生活环境的需求不断上涨等多元需求驱动下，"见缝插针、留白增绿"的建设方式难以满足主城区尤其是老城区的生态环境需求。绿色基础设施理念的提出符合当前发展需求，绿色空间网络的构建能够为区域空间有序发展提供新的视角与框架，从而促进区域空间开发格局的优化以及可持续发展战略的实施，其规划的落实也是推进城乡生态文明建设的重要基础。绿色基础设施能够提供复合的生态系统服务功能，随着经济的发展以及居民需求的不断转变，相关研究逐步由生态系统服务供给、生态系统服务价值、公园可达性、植被的局部效益等服务供给转向供需模型构建、社会经济发展需求判定、不同需求的空间核算等方面，以实现供需均衡、城市功能布局优化等为目标。然而，社会、经济、生态和环境等方面的综合需求测度仍然处于探索阶段，而且大多以定性研究确定绿色基础设施供需失衡区域，或是结合前人相关研究，讨论绿色基础设施需求研究的重要性和必要性，总体还未形成具有科学性、系统性、综合性的测度模型，导致绿色基础设施规划与建设仍然难以满足城市居民的需求。

4. 绿色基础设施建设需要与城市服务功能相适应

面对生态环境保护的共同议题，各地区纷纷对绿色城市、生态城市规划模式展开积极探讨与尝试，但目前的城市规划在自然生态及城市绿化方面存在许多不足，难以保障城市生态安全。首先，在推进新型城镇化发展的大背景下，许多城市仍不可避免地以经济增长为发展中心，城市规划往往首先服务于 GDP（gross domestic product，国内生产总值）增长、用地规模扩张、市政基础设施规模扩大等目标，而对城市自然资源及生态环境保护未给予足够重视；其次，城市绿地规划往往与政府政绩相关，已有的一些规划方案常常过于强调和重视生态绿化的可见性、美观性，而忽视了其实际生态效益。同时，城市绿色空间存在只重数量不重质量的"唯绿地论"，绿地建设常常以片段化、零散化、"见缝插绿"的方式来增加总体绿化数量，然而这种布局缺乏对城市绿色系统的整体考虑，各绿色单元相对独立，忽视了整个地区绿色网络的连通性，导致其生态效益及各种服务功能大打折扣，降低了生态效率（Zhao et al.，2022b）。另外，绿化工作与城市公共空间系统的关联性和融合性也有待提高，地区发展条件、区域优势、城市空间形态构成等都与绿色基础设施要素密不可分，绿化工作不应独立强调城市绿地系统，甚至仅仅只是绿地，而应与其他城市功能系统，如步行系统、公共空间系统、公共服务设施系统等相呼应，提升绿地服务功能。作为 21 世纪人居环境发展领域重要的空间发展战略，绿色基础设施战略已经成为发达国家或区域构建生态网络、提升人居环境的重要举措（应君和张一奇，2022）。

5. 生态文明建设为绿色基础设施发展提供重要机遇

随着生态文明建设提升为国家战略，党的十八大报告首次把生态文明建设摆在总体布局的高度来论述，提出优化国土空间开发格局、加大自然生态系统和环境保护力度、加强生态文明制度建设①等要求。国家新型城镇化规划也提出了建设生态宜居城市、绿色城市等城市生态保护策略。生态文明建设、提升环境质量已然成为当代社会发展的主题之一，同时也对城市建设与规划提出了新的要求，在此政策背景下，区域对自然生态环境的保护力度将进一步加大。绿色基础设施理念符合当前发展要求，通过明确并构建绿色空间网络，能够为区域空间发展政策提供新的视角与框架，从而促进区域空间开发格局的优化以及可持续发展战略的实施，其规划的落实也是推进城乡生态文明建设的重要基础。在生态文明建设及新型城镇化发展的战略背景下，绿色基础设施发展也迎来重要契机。因此，加强

---

① 《胡锦涛在中国共产党第十八次全国代表大会上的报告》，http://www.gov.cn/ldhd/2012-11/17/content_2268826. htm[2023-03-12]。

绿色基础设施建设是推进城市生态文明建设的重要基础性工程，不仅可以缓解城市化造成的环境恶化与城市污染，还可以修复城市生态环境，可为城市建设、经济社会可持续发展、加强环境保护等方面提供有益的理论指导，是构建更加生态宜居、低碳绿色城市和推进生态文明建设的重要保障。

1.2　概念与内涵

绿色基础设施概念被提出以来，国内外学者从不同的视角、学科对其进行了发展和完善，普遍认为其是各类具有生态服务功能的自然、半自然及人工的绿色空间要素构成的生态网络。不同尺度的绿色基础设施具有不同的要素组成和表达形式，其概念、内涵和主要特征也不同。

1.2.1　基本概念

1984 年，联合国教育、科学及文化组织在人与生物圈计划的报告中首次提出与绿色基础设施概念类似的生态基础设施概念。绿色基础设施作为一种可以推动国家可持续发展的关键战略，于 1990 年在美国马里兰州绿道运动中被正式提出。2009 年 9 月，美国总统可持续发展委员会官方认可了绿色基础设施及其重大作用，并在《可持续发展的美国——争取 21 世纪繁荣、机遇和健康环境的共识》（*Towards a Sustainable America—Advancing Prosperity，Opportunity，and a Healthy Environment for the* 21*st Century*）中将其确定为保障城市可持续发展的五种重要战略之一，此后，绿色基础设施概念开始在欧美等发达国家和地区流行。1999 年 8 月，美国保护基金会和农业部森林管理局联合组织"绿色基础设施工作小组"（Green Infrastructure Work Group），旨在帮助社区及其合作伙伴将绿色基础设施建设纳入地方、区域、州政府计划和政策体系中，以保护当地自然生态系统，促进城市可持续发展。绿色基础设施工作小组将绿色基础设施初步定义为：一个由湿地、森林、水域、绿道、公园、游园、农场、牧场、荒野和其他可以维持物种多样性、自然生态演变和保护空气与水资源以及提高社区和人民生活质量的开敞空间所组成的相互连接的网络（裴丹，2012）。

参考前人提出的相关概念，结合研究实际，本书认为"绿色基础设施是城市区域范围内提供生态、社会等复合服务功能的自然、半自然及人工的绿色空间要素网络"。宏观尺度上，自然界的山川河流、森林、野生生物栖息地和自然保护区等均是绿色基础设施网络的重要组成部分；中观尺度上，城市公园、城市森林、绿道、游憩场所、观景区等也是重要的绿色基础设施要素；微观尺度上，街头的一块草坪、小区内的一片小树林、屋顶/立体绿化等也是绿色基础设施的组成部分。

1.2.2　内涵拓展

自绿色基础设施概念提出以来，国外不同学者或机构从不同的视角、学科、尺度对其展开了广泛的讨论，丰富了绿色基础设施内涵研究（表1.1）。

表 1.1　关于绿色基础设施内涵拓展

基本内涵	关键点	机构或学者
由多个组成部分协同形成的自然过程网络，包括自然区域、人文空间，以及受保护的开放空间（Benedict et al.，2004）	网络系统	美国保护基金会
在城市开发和自然保护过程中，应该与人工基础设施建设布局相结合，由河流、水域、绿化廊道等相互连接形成的网络体系（沈清基，2005）	连接、城市	塞巴斯蒂安·莫法特
由城市、乡村区域内公共或私人资产组成的可以维持社区可持续平衡的多功能绿色空间网络（宗敏丽，2015）	社区可持续	简·赫顿联合会
以生态系统理论为基础的强调多功能复合互联互通的土地利用规划方法（贾铠针，2013）	多功能	英国景观学会
由公园、休憩空间、运动场、林地、空地和私人花园等组成，覆盖城乡的开放空间网络（Bratieres et al.，2008）	提供服务	自然英格兰
能够维护和改善生态功能、支持土地多功能使用以及提供社会服务的自然或人工空间	物种保护	马尔科·弗里茨
由树木、公园、花园、空地、墓园、林地、绿色走廊、河流和湿地组成的人工或自然开放空间	绿色城市设计	英国建筑与建成环境委员会

国内绿色基础设施研究起步较晚，前期主要是对国外绿色基础设施理论、方法、原则的总结和推广。最早的研究是张秋明（2004）在《绿色基础设施》一文中论述绿色基础设施的作用、方法、原则等，但未对概念进行详细定义。2007年国内研究开始进入快速发展期，在此之前，沈清基（2005）详细阐述了加拿大城市绿色基础设施的基本特征，探讨了相关内涵、影响要素、概念特征。随后，学者不断对绿色基础设施概念发展历程、方法以及空间结构的总结和探讨，为相关研究的开展奠定了坚实的基础（付喜娥和吴人韦，2009；吴伟和付喜娥，2009；张晋石，2009）。李开然（2009）首次提出绿色基础设施是为人类和野生动物提供自然场所，具有内部连接性的自然区域及开放空间的网络。随着相关研究的不断

深入，我国学者在国外研究的基础上进行了补充，绿色基础设施概念和内涵逐渐得以完善。虽然还未形成统一的概念，但基本都认为绿色基础设施是由各种自然区域和开敞空间组成的具有内部连接性的绿色空间网络，能够为社会经济发展、公民、区域环境、野生动植物提供相关服务（蔡丽敏和殷柏慧，2011；张云路和李雄，2013；危聪宁，2016；孟菲，2020；骆新燎，2022）。

　　综上，不同尺度的绿色基础设施具有不同的要素组成和表达形式，不同学者的理解也有所不同，尚未形成统一的定义。目前，被广泛接受的内涵为："绿色基础设施指彼此间相互联系的绿色空间网络，由多种用于维持物种多样性、保护自然生态过程的自然区域和为提高社区及人民生活质量的开敞空间组成"（Benedict and McMahon，2006）。

1.2.3　主要特征

　　（1）连接性。钢筋混凝土制成的灰色基础设施有利于加强城市内部个体之间的交流，但更多地阻碍了人与自然或自然之间的相互联系，将城市分割成一个个孤立的小岛。面对气候因素造成的负面效应，破碎的城市生态系统无法有效应对。绿色基础设施概念的提出旨在通过建立一系列的线性绿色空间加强城市蓝-绿网络，结合景观生态学的理论加强城市内外物质、能量和资源的连通性。

　　（2）多尺度适应性。绿色基础设施是一系列适应不同尺度、不同空间的自然、半自然及人工绿色空间与环境资源的总和。根据2014年美国景观设计师协会发布的指南，绿色基础设施资源可依据尺度大小分为七个类别，大到国家公园、城市开放空间及城市绿地与公园系统，小到绿色屋顶、雨水花园和垂直绿化。面对复杂多变的气候灾害，不同尺度的绿色基础设施虽然包含的内容不同，但在应对气候问题上往往能发挥相似的功能。例如，较大尺度的湿地公园往往成为某一地区重要的雨洪调控中心，但也不能忽视这个地区其他绿地，如街角的雨水花园、绿色廊道及绿色停车场在分散雨洪、滞渗雨水方面所起的作用。

　　（3）生态系统服务与多功能性。通过绿色基础设施体系的建立，加强与自然的联系，大大提升了城市的生态服务潜力。绿色基础设施提供了自然本身以及一系列模仿自然能量活动的过程，在一定区域范围内通过不同的组成要素为该地区带来清洁的水，清洁的水可调节气候、固碳、促成良性的水文循环及应对极端气象灾害的影响，这些生态功能是适应气候变化的重要举措（Zhao et al.，2022a）。一些城市绿色空间，如下凹式绿地或绿色廊道，平时是人们开展户外活动的公共空间，雨洪内涝时又可以成为城市的临时泄洪区。

1.3　相关概念辨析

绿色基础设施、绿道和绿地生态网络，灰色基础设施与生态基础设施，生态空间与绿色空间等概念有交叉也有联系，在要素构成、主导功能、服务性质等方面存在不同的侧重，需要对相关概念进行辨析。

1.3.1　绿色基础设施、绿道和绿地生态网络

20 世纪 60 年代绿道和绿道网络在美国迅速发展，1990 年绿地生态网络（green space ecological network）概念被提出。相比较而言，绿色基础设施的概念出现的时间较晚，于 20 世纪 90 年代末才被正式提出。

查尔斯·利特尔的经典著作《美国绿道》将绿道定义为：沿着河岸、溪谷、山脊线等生态廊道或是废弃铁路沿线、运河、风景道路等人工廊道，可供行人和骑车者进入的自然或景观道的线型开放空间。绿道是一个连接公园、自然保护区、名胜区、历史遗迹及聚居区的开敞空间纽带。绿地生态网络是以城市中的开敞绿地为基础，按照其自然规律，通过人工手段将有生态意义的绿地和斑块相互连接，将破碎的绿地恢复为一个连续的整体。根据景观生态学等理论，它的主要服务功能包括保护生物多样性、保护生态环境、保障生态安全、改善人居环境质量等。

由此可见，绿色基础设施、绿道和绿地生态网络在概念、结构上相近，绿色基础设施概念是对绿道、绿地生态网络概念的肯定和重视，也是在两者基础上的传承和延续。绿色基础设施、绿道、绿地生态网络在结构上都可以被看作包括人类在内的生物群落生存和移动的基本物质结构。绿地生态网络由核心区缓冲区、生态廊道、屏障组成；绿色基础设施由网络中心、节点和廊道组成；绿道则是绿色基础设施和绿地生态网络结构中的连接框架，是其结构的重要组成部分。绿色基础设施在空间结构上更加强调网络连接的重要性和结构的细致性。从组成要素上看，绿道主要由绿色线性廊道组成，绿地生态网络以具有生态意义的绿地空间为主要组成部分，而绿色基础设施的组成更加广泛和多样化，涵盖自然、半自然和人工设计的环境空间。在功能性方面，绿道也包含了生态和人文的因素，但因为线性空间的局限性，功能往往限于自然保护、美学、游憩与文化等少数几个方面；绿地生态网络的功能则主要集中在生态环境保护方面；除绿地生态网络所涵盖的城市用地外，绿色基础设施在此基础上有一定的扩展，对于城市的低影响交通、与城市新陈代谢相关的能源等问题予以更多关注。由此可见，

绿色基础设施的功能是基于景观的多功能性实现的，较前两者更加注重功能的多元化。

1.3.2　灰色基础设施与生态基础设施

灰色基础设施是指传统意义的市政基础设施，以单一功能的市政工程为主导，由道路、桥梁、铁路、管道以及其他确保工业化经济正常运作所必需的公共设施组成的网络，具体到排水排污方面，其基本功能是实现污染物的排放、转移和治理，但并不能解决污染的根本问题，建设成本高。灰色基础设施的概念最早由美国学者提出，一般指人工建成的服务于人们生产和生活的市政基础设施，包括道路、桥梁、供水系统、供电系统、垃圾处理、通信工程等，是确保城市工业化经济正常运作所必需的公共设施网络（李娜，2017）。灰色基础设施由政府建设，具有推动城市经济发展的生产性、公用性和公益性等特征，渗透于衣、食、住、行等方方面面，为居民提供了生活所必需的物质条件，但在其经济功能得到充分发挥的同时，生态、社会、审美功能却往往相对欠缺。人们过去常常只强调人工物质基础设施所带来的经济效益，而忽视了绿色基础设施所起到的城乡发展的生态支撑作用。

生态基础设施与绿色基础设施的概念较为接近，对改善城市生态环境具有重要意义，受到广泛关注。人与生物圈计划的报告中提出生态城市规划的五项基本原则：①生态保护战略；②生态基础设施；③居民生活标准；④文化和历史保护；⑤将自然引入城市。生态基础设施不但能起到美化城市自然景观的作用，更能持续不断地为城市生态系统更新提供支持，是居民能持续地获得自然服务的基础。生态基础设施是城市可持续发展所依赖的自然系统，是城市及其居民能持续地获得自然服务的基础，包括所有城市绿地系统、林业和农业系统及可提供自然服务的自然保护系统（刘海龙等，2014）。广义的生态基础设施还包括"生态化"的人工基础设施（栾博等，2017）。生态基础设施既可以维持城市的生态安全，也能保障城市的可持续发展，与绿色基础设施的内涵趋于一致，但生态基础设施相对更强调维护完整的生态过程和地域景观，强调生态功能对城市生态网络安全的支持作用和城市总体景观格局的形成。

1.3.3　生态空间与绿色空间

通常意义上讲，绿色基础设施与生态空间、绿色空间的规划和保护有着密切的联系，然而它们之间的意义和应用却是相互分离的。

生态空间是指具有自然属性、以提供生态服务或生态产品为主体功能的国土空间，包括森林、草原、湿地、河流、湖泊、滩涂、岸线、海洋、荒地、荒漠、戈壁、冰川、高山冻原和无居民海岛等（迟妍妍等，2018），是指在城市与区域范围内，除建设用地以外的一切自然或人工的植物群落、山林水体及具有绿色潜能的空间等系列生态用地，是各类生态用地组合形成的整体结构。生态空间可以划分为林地生态空间、水域生态空间、草地生态空间、荒地生态空间等（李广东和方创琳，2016）。

绿色空间与城市建筑及功能性灰色空间相对，可以认为是城市里自然或半自然的土地利用状态，是城市空间结构的基本要素之一（杨振山等，2015），广义上指各类城市绿地、农业生产用地、水体、山体、草地、湿地等对改善城镇生态环境和人民生活具有直接或间接影响的所有用地（孙强等，2007b；李莹莹，2012）。绿色空间能够调节城市气候、缓解热岛效应、改善城市生态环境，同时也为居民提供良好的休闲场所，为城市带来多重服务效益。绿色空间与绿色基础设施在要素及功能上具有较大的相似性，但与绿色基础设施相比其在绿色景观及与建设系统的网络连通性上强调不足，各要素未完成系统性联通，较侧重未完全开发的非建设用地自然景观与环境特征。

此外，绿色基础设施与基础设施的含义各有侧重。在《韦氏词典》中，基础设施这一概念被定义为"支撑结构（substructure）或隐含于内部（underlying）的根本性基础（foundation），国家或者社区能在此基础上持续生长"。绿色基础设施更多强调其在保护及恢复人类自然生态系统方面的支持作用，与道路、市政工程、电力电信等其他基础设施一起作为保障城市高效运转的支持系统的重要部分。因此，绿色基础设施被视为绿色空间体系的衍生和基础设施范围的扩展。

1.3.4 总结与辨析

通过对前人提出的相关概念的剖析和解读可以发现，各相关概念之间有所联系，但也存在不同，在要素构成、主导功能、服务性质等方面各有侧重（表 1.2）。与绿色基础设施提供生态、社会、审美、文化等综合性服务不同，灰色基础设施是人工建成的，侧重于为城市生产生活提供经济系统服务的基础设施。生态基础设施与绿色基础设施具有一定相似性，但更加强调生态系统服务及维护景观安全格局；绿色空间与绿色基础设施在要素、功能等方面同样具有共同点，但其在网络连通性上相对不足，而且更多的是作为一种未被完全开发的空间环境。

表 1.2　相关概念与内容辨析

类型	概念	要素构成	主导功能	服务性质
绿色基础设施	城市区域范围内提供生态、社会等复合服务功能的自然、半自然及人工的绿色空间要素网络	森林、湿地、水体等自然生态要素，公园、花园、广场、绿道、垂直绿化等半自然及人工要素	多方面综合功能，包括自然、生态、经济、游憩、视觉审美、文化遗产保护等	连通的绿色网络、人与自然的关系、综合性服务
灰色基础设施	人工建成的服务于人们生产和生活的市政基础设施，确保城市工业化经济正常运作所必需的公共设施网络	公共交通设施、通信设施、自来水供应、污水处理、垃圾处理、天然气供应、桥梁、道路等	给水、排水、交通、通信、垃圾处理等专项功能	为城市及居民提供经济系统服务
生态基础设施	城市可持续发展所依赖的自然系统，是城市及其居民能持续地获得自然服务的基础	城市绿地系统、林业及农业系统、自然保护系统等一切能提供自然服务的系统、生态化工程设施	生态系统服务、生物保护、景观安全格局等生态功能为主	生态服务功能、城市生态与景观格局安全
绿色空间	城市自然或半自然的地域空间，对改善城镇生态环境和人民生活具有直接或间接影响	城市森林、山体、农田、草地、湿地、园林绿地、立体绿化等非建设空间	综合功能，包括生态、环境、经济、游憩、社会文化等	未被完全建设开发的自然、半自然景观与环境

1.4　绿色基础设施分类与构成

　　绿色基础设施的分类方式多样，已有研究从研究尺度、功能作用、物质类型和空间形态等角度进行了划分。本书基于绿色基础设施的概念确定了绿色基础设施的要素构成。

1.4.1　类型划分

　　根据研究尺度，绿色基础设施可分为区域级、次区域级、地区级和社区级；根据功能作用，可提供栖息地功能、自然支持功能、生活服务功能和绿色能源功能；根据物质类型，可分为自然类、半自然类、人工类、潜在类；根据空间形态，绿色基础设施的构成要素可分为面状要素、线状要素、点状要素。不同的类型，又有不同的细分结果（表 1.3）。

表 1.3　绿色基础设施分类

依据	类型	分类结果
研究尺度	区域级	区域级研究尺度最大，主要是指一些跨国家的山川、森林、草原、海洋、河流和其他自然区域及开放空间等，以及国家层面上的国家大型自然公园、自然保护区、森林区和草牧区、国家主要河道、湖泊、大型防护林、沿路绿道等
	次区域级	次区域级尺度小于区域级，主要是指省级地方上的自然保护区、大规模的林地、草地、牧场、湿地、水域等

续表

依据	类型	分类结果
研究尺度	地区级	地区级是以城市为研究单元,研究城市内的所有绿色基础设施要素,包括城市的公园、荒野、林地、草地、牧场、耕地、防护林带、道路绿带、河流、水库等
	社区级	社区级研究尺度最小,主要是指城市中一定范围内的绿色基础设施,包括街道绿地、庭院绿地、附属绿地、池塘溪流、绿墙、绿色屋顶、雨水花园、开放空间、公共步道等
功能作用	栖息地功能	包括自然保护区、森林、草原、湿地、河流海洋、郊野公园、迁徙廊道等要素,能够为野生动植物提供栖息和迁徙路径
	自然支持功能	包括雨水收集系统、雨洪疏浚系统、透水铺装系统、绿墙、绿色屋顶系统、开放空间、附属绿地等要素,具有净化空气、收集雨水、保护土地等生态环境支撑功能
	生活服务功能	包括耕地、牧场、农场、菜园、花园、公园、道路绿带、广场绿地等要素,可为人们的生活、生产、工作、娱乐等提供重要场所
	绿色能源功能	包括绿色食品供应以及绿色生态技术等系统要素,可为人们提供绿色能源
物质类型	自然类	如山体、森林、草地、湿地、海洋、湖泊、荒野等没有人工参与的绿色空间
	半自然类	半自然类如公园、花园、农场、牧场、防护林带等有人工参与的,具有生态服务功能,能为人类提供生活服务的绿色基础设施要素
	人工类	如绿墙、绿色屋顶、街道绿地、广场绿地、雨水收集系统、绿化带、附属绿地、生态社区等人为的绿色文化场地
	潜在类	暂时不属于或不构成绿色基础设施要素,但是经过开发、整理、恢复后可以变成其要素的土地
空间形态	面状要素	面积较大、受外界干扰较少的自然生境斑块,可为野生动植物提供起源地或目的地,主要包括山体森林、湿地、大片农林地和自然保护区等开放空间
	线状要素	线性或带状的连接通道,主要包括防风林带、道路绿化带、河流绿化带、溪流水体等,可促进生态过程的流动,保障生态系统的健康和完整性
	点状要素	面积较小的绿色斑块,网络中心和连接廊道不能连通时为动植物迁徙和休憩提供服务的生态节点,能够补充网络中心和连接廊道,可以是城市人工绿化、房屋附属绿地、小型公园、广场或小面积林牧场地等绿色空间

　　按照空间形态类型,面状、线状和点状要素分别对应绿色基础设施网络构架中的网络中心、连接廊道和小型斑块。其中,面状要素主要是指大面积的生态源,主要包括大面积的林地、耕地、开放空间等区域;线状要素是防护林带、街道绿带、河流水系等;点状要素是孤岛地块,主要包括一些小型绿地、人工绿化设施、附属绿地、小区域水体等小型生态斑块(许峰和秦成,2015)。

1.4.2　要素构成

　　基于绿色基础设施概念,根据 7 种景观类型的定义及其生态学含义,运用形态学空间格局分析方法将其划分为支线、孔隙、孤岛、边缘、桥接、环道、核心。

其他非生态区域为背景区，并根据定义和内涵，将其划分为斑块、廊道以及生态网络三种要素，具体划分规则如表 1.4 所示。

表 1.4　绿色基础设施要素划分

要素	类型	含义
斑块	支线	与环道、边缘、孔隙或桥接一端相连的区域
	孔隙	核心与背景区过渡的内部区域
	孤岛	被孤立的小型斑块
	边缘	核心与背景区过渡的外部区域
廊道	桥接	连接不同核心的线性廊道
	环道	核心内部的连接廊道
生态网络	核心	斑块与廊道共同构建起连通性与中心性较好的网络

1. 斑块

斑块的尺度小于网络中心，是在网络中心或廊道无法连通的情况下，为动物迁移或人类休憩而设立的生态节点，是对网络中心和廊道的补充，并独立于大型自然区域的小生境和游憩场所（图 1.2）。小型斑块同样为野生生物提供栖息地和以自然为依托的休闲场地，兼具生态和社会价值。

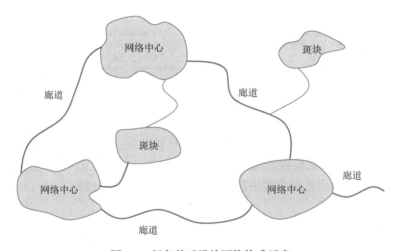

图 1.2　绿色基础设施网络构成示意

2. 廊道

廊道是指线性的生态廊道，它将网络中心和小型斑块连接起来形成完整的系统，对促进生态过程的流动，保障生态系统的健康和维持生物多样性都起到关键作用。廊道包括：①景观连接廊道，指连接野生动植物保护区、公园、农地以及为当地的动植物提供成长和发展空间的开放空间。除了保护当地生态环境，这些廊道可能还包含文化内容，如历史资源、提供休闲的机会和维护景观品质，可提高社区或地区的生活品质。②保护廊道，指为野生生物提供通道的线性廊道，并且提供可能的服务功能，如河流和河岸缓冲区。③绿带，通过分离相邻的土地用途以及缓冲使用冲击的影响，保护自然景观，同时也维护当地的生态系统以及农场或牧场的土地类型，如农田保护区。

3. 生态网络

生态网络是由斑块和廊道共同融合形成的网络结构，廊道和斑块的节点称为网络中心，指大片的自然区域，它是较少受外界干扰的自然生境，为野生动植物提供起源地或目的地，其形态和尺度也随着不同层级有所变化。网络中心主要包括：①大型的生态保护区域，如国家公园和野生动物栖息地；②大型公共土地，如兼具资源开采价值和自然游憩价值的国家森林；③农地，包括农场、林地、牧场等；④公园和开放空间，如公园、自然区域、运动场和高尔夫球场等；⑤循环土地，指公众或私人过度使用和损害的土地，可重新修复或开垦，如矿地、垃圾填埋场等。

第 2 章　研究架构：学科交叉与理论融合

通过中英文文献的计量分析，从学科关联响应关系、研究体系发展路径以及当前绿色基础设施研究的侧重点等方面，分析绿色基础设施在不同学科交叉研究中呈现的特点；梳理绿色基础设施介入发展和保护关系中所承担的角色，分析刚性约束背景下其对社会经济发展的响应和在生态环境治理保护中所发挥的作用；根据已有研究的优势与不足，明确新时期研究架构的发展趋向。

2.1　绿色基础设施与不同学科的交叉研究

近年来绿色基础设施研究不断与时俱进，与生态学、城市规划、环境科学、地理科学等学科关联更加紧密，研究体系日趋完善。由于国内外研究的热点、方向、变化趋势存在一定差异，研究侧重点有待进一步探讨。

2.1.1　学科关联响应不断加大

为更好地把握绿色基础设施与各学科的相互关系，将相关文献进行梳理及计量分析，在中国知网数据库中运用高级检索功能，主题（theme）选取"绿色基础设施"，叠加（and）关键词"绿色基础设施"进行检索，文献起始时间为 2004 年 1 月，截止时间为 2022 年 11 月，文献类型包含期刊文献、会议论文、硕博士论文等，筛除外文文献、会议通知、无作者文献、刊首语及主题无关文献，共收集到 989 篇中文文献，作为研究的基础材料。

1. 研究内容与时俱进

2004~2008 年，绿色基础设施研究的文献数量较少，增长速度缓慢。《中华人民共和国节约能源法》将节约资源定为基本国策，国家实施节约与开发并举、把节约放在首位的能源发展战略。节约能源是绿色低碳生活的主要倡导方式，绿色基础设施则是绿色低碳的主要表现形式，由此，2009~2012 年，与节约能源相关的绿色基础设施研究文献发表逐年上升。2013 年，我国提出要建立系统完整的生态文明制度体系，用制度保护生态环境。全社会对生态修复与保护的重视程度日益提高，相关研究文献年度发表量大幅提升。生态文明建设理念的深入贯彻落实，持续推动绿色基础设施研究与实践，为未来城市建设和发展提供重要的理论依据与技术支撑，2017 年以来诸多学者针对绿色基础设施进行深入的研究和探讨，2017～2021 年每年发表文献超 100 篇（图 2.1）。

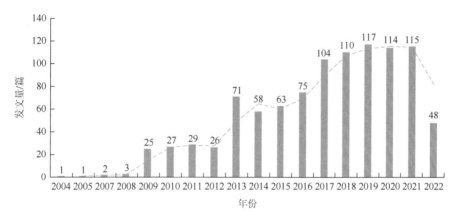

图 2.1　2004～2022 年绿色基础设施研究文献数量变化

2006 年无相关文献故图中未显示

2. 学科间关联度加大

为更好地说明绿色基础设施的学科类别，将 989 篇中文文献的研究主题和研究内容进行分类，得到城市与区域生态学、城市规划与设计、法学、风景园林学、管理学、建筑学、景观生态与设计学、生态环境保护治理修复学、资源生态学 9 个学科领域。作为城市生态文明建设的基础，2018～2022 年在生态环境保护治理修复学、城市与区域生态学领域的研究文献最多，截至 2022 年 11 月已超过 200 篇，其次是城市规划与设计、景观生态与设计学等领域，均在 100 篇以上（图 2.2、图 2.3）。绿色基础设施具有较高的生态服务价值，对城市与区域的生态系统保护与修复具有重要作用，引起了相关领域学者的高度重视。

基于各年不同学科绿色基础设施相关文献发表数量进行主成分分析。通过 KMO[①]和巴特利特球形检验发现，KMO 为 0.685（大于 0.6），满足主成分分析的前提要求，而且也通过了巴特利特球形检验（$p<0.05$）。所有研究项对应的共同度值均高于 0.4，意味着研究项和主成分之间有着较强的关联性，主成分可以有效地提取出信息。主成分分析一共提取三个特征根大于 1 的主成分，累积方差解释率为 81.560%（表 2.1）。对 9 个学科进行系统聚类，类别较多的是风景园林学、城市与区域生态学、管理学、景观生态与设计学、城市规划与设计、生态环境保护

---

① KMO（Kaiser-Meyer-Olkin）是用于比较变量间简单相关系数和偏相关系数的指标。

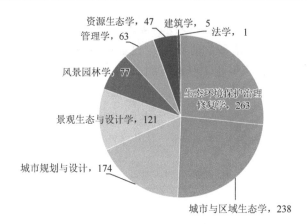

图 2.2 各学科领域文献数量分布

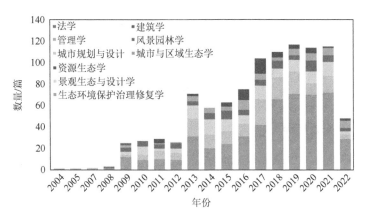

图 2.3 各学科领域历年发文量变化

2006 年无相关文献故图中未显示

治理修复学，其次是建筑学、资源生态学，法学最少（图 2.4），绿色基础设施与生态学、城市规划、环境科学、地理科学等多个学科有不同程度的关联。

表 2.1 方差解释率

编号	项目			主成分提取		
	特征根	方差解释率	累积	特征根	方差解释率	累积
1	5.046	56.068%	56.068%	5.046	56.068%	56.068%
2	1.277	14.185%	70.253%	1.277	14.185%	70.253%
3	1.018	11.307%	81.560%	1.018	11.307%	81.560%
4	0.605	6.721%	88.281%			
5	0.498	5.534%	93.815%			
6	0.304	3.376%	97.191%			
7	0.148	1.648%	98.839%			

编号	项目			主成分提取		
	特征根	方差解释率	累积	特征根	方差解释率	累积
8	0.076	0.839%	99.678%			
9	0.029	0.322%	100%			

　　此外，通过对研究文献所侧重的学科进行分类发现，绿色基础设施起源于城市与区域生态学，同时延展于城市规划与设计、景观生态与设计学及生态环境保护治理修复学等学科领域，这与国家所倡导的生态文明建设密切相关，另外风景园林学、资源生态学、管理学等学科也使得绿色基础设施的研究内涵更加丰富。绿色基础设施研究与实践的发展正是多门学科共同促进的结果，相关学科领域相互交叉、融合、作用，从生态廊道、生态网络的构建和完善，到污染物控制、雨水花园与公园绿地项目的实施建设，再到城市生态安全格局的规划实施，需要多个学科相互支撑。

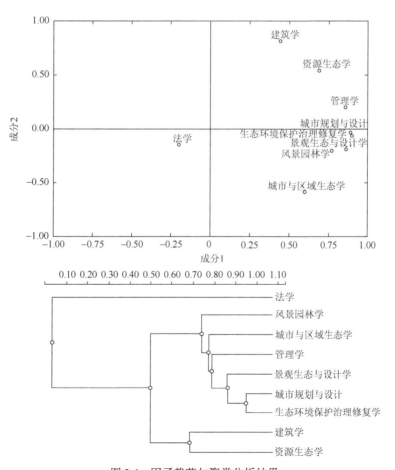

图 2.4　因子载荷与聚类分析结果

3. 基础研究受到重视

对 2014 年以来有关绿色基础设施的国家自然科学基金项目进行梳理,其中以绿色基础设施为题获得资助的项目有 17 项,分别来自地球科学部、工程与材料科学部、生命科学部等多个学部,涉及生态学、城乡规划、人文地理等多个学科(表 2.2)。进一步统计发现依托国家自然科学基金项目发表的论文有 145 篇,相关研究得到了多科学领域的支持与同行专家的认可。学者从微观污染物控制到宏观空间形态等不同层面进行了研究,绿色基础设施逐渐成为多个学科相互支撑的学科领域,绿色基础设施与城市生态的内在互动机理更加明确。

表 2.2　2014～2021 年绿色基础设施相关的国家自然科学基金项目

序号	申请代码	学科分类	负责人	承担单位	类别	批准年份	项目名称
1	E0802	工程与材料科学部	尹海伟	南京大学	面上项目	2014	绿色基础设施导向的城市生态弹性规划分析模型研究
2	E1002	工程与材料科学部	陈韬	北京建筑大学	青年科学基金项目	2014	典型绿色基础设施对城市降雨径流活性氮控制机理与模拟研究
3	D0112	地球科学部	姚亮	安徽师范大学	青年科学基金项目	2015	不同气候带城市绿色基础设施的复合生态评价与结构优化研究
4	E0802	工程与材料科学部	贾铠针	重庆大学	青年科学基金项目	2015	新型城镇化下城乡绿色基础设施规划框架研究
5	C0307	生命科学部	孔繁花	南京大学	面上项目	2016	城市绿色基础设施多尺度雨洪调控效应及其空间配置优化研究
6	D0702	地球科学部	刘文	中国科学院西北生态环境资源研究院	青年科学基金项目	2016	绿色基础设施暴雨径流消减效能模拟与影响因素研究
7	C1612	生命科学部	王倩娜	四川大学	青年科学基金项目	2016	成渝城市群绿色基础设施多尺度空间格局分析及空间规划方法研究
8	D0112	地球科学部	常江	中国矿业大学	面上项目	2016	煤炭资源型城市绿色基础设施时空演变规律及其优化模型研究
9	D0716	地球科学部	王雅斐	中山大学	青年科学基金项目	2017	城市"绿色基础设施"对人类环境福祉贡献的量化研究
10	E0802	工程与材料科学部	付喜娥	苏州科技大学	青年科学基金项目	2017	乡村绿色基础设施的时空演化与发展研究——以苏南地区为例
11	E0802	工程与材料科学部	戴菲	华中科技大学	面上项目	2017	消减颗粒物空气污染的城市绿色基础设施多尺度模拟与实测研究
12	C1612	生命科学部	戈晓宇	北京林业大学	青年科学基金项目	2018	基于 SWMM 情景模拟的半湿润地区绿色基础设施集雨功能优化研究——以迁安市为例

续表

序号	申请代码	学科分类	负责人	承担单位	类别	批准年份	项目名称
13	E0802	工程与材料科学部	王墨	广州大学	青年科学基金项目	2018	基于未来情景模拟的城市景观水文弹性措施绩效评估与优化研究
14	C1612	生命科学部	吴雪飞	华中农业大学	面上项目	2019	用地紧凑变化对城市绿色基础设施生境服务的影响及规划调控策略——以武汉为例
15	E0802	工程与材料科学部	吴远翔	哈尔滨工业大学	面上项目	2020	城市绿色基础设施的生态系统服务供需影响机制与空间优化途径研究——以东北地区为例
16	E0802	工程与材料科学部	王振	华中科技大学	面上项目	2020	城市街区绿色基础设施的空间模式与微气候、雨洪过程的联动影响机理研究
17	C1612	生命科学部	孔繁花	南京大学	面上项目	2021	基于 3D 景观构建与量化的城市绿色基础设施噪声调控服务研究

2.1.2　研究体系的发展路径

为更深入地把握绿色基础设施研究趋势，基于 CiteSpace 软件平台，运用文献计量法分析和总结绿色基础设施的研究基础、热点和前沿等，分别选取 Web of Science 核心合集数据库[包含 SCI-Expanded、SSCI（Social Science Citation Index，社会科学引文索引）、A&HCI（Arts and Humanities Citation Index，艺术与人文引文索引）、CPCI-S（Conference Proceedings Citation Index-Science，科技会议文献引文索引）、CPCI-SSH（Conference Proceedings Citation Index-Social Sciences and Humanities，人文社会科学会议录引文索引）、ESCI（Emerging Sources Citations Index，新兴资源引文索引）等数据库]为英文文献来源、中国知网数据库为中文文献来源。在 Web of Science 数据库中，选取"green infrastructure"作为标题（title），时间跨度为 1994 年 1 月至 2022 年 11 月，检索后剔除非相关文献，得到 1225 篇英文文献，中文文献采用前面收集到的 989 篇。

1. 研究基础与特点

1）发文量逐年增加

作为解决生态环境恶化的重要手段之一，绿色基础设施备受国外学者的关注，相关研究总体呈增长趋势，经历了探索研究—缓慢增长—急剧发展三个阶段。其中，1995～2012 年为探索研究阶段。每年发文量不超过 10 篇，主要围绕绿色基础设施变化、模拟、评估和影响等方面，并开展了战略规划和制定相关规划导则的初步研究，总体上处于初期探索研究阶段。2013~2016 年为缓慢增长阶段。随着绿色基础设施功能与作用逐步被认知，相关研究逐年增多，发文量接近 80 篇/年，研究内容开始向城市热岛（Norton et al.，2015）、气候变化（Demuzere et al.，2014）、生态系统服务与管理（王宏亮等，2020）、雨洪管理（胡宏，2018）、空气净化（Manes et al.，2016）等和人类息息相关的生态环境领域聚焦。2017 年之后为急剧发展阶段。随着城市建设管理中新问题、新理念的不断涌现，绿色基础设施研究受到社会各界的广泛关注与认可。人们关注的重点从已有的生态系统服务，开始向社会、文化、环境等复合功能的多元视角转变，因此发文量快速增长，研究内容除绿色基础设施效益、生态系统服务评估外，还包括从不同的尺度对其进行优化调控，并成为国外众多城市发展框架的重要内容（Ronchi et al.，2020）。

国内绿色基础设施研究经历了缓慢起步—波动增长—多元发展的阶段。其中，第一阶段为 2004~2012 年，相关研究较为基础，且尚未形成体系。早期研究主要集中在国外绿色基础设施规划和实践相关理论与经验的借鉴方面（沈清基，2005；张秋明，2004）。随着人们对绿色基础设施理念、要素、功能的逐步认知，研究内容逐渐向绿色基础设施建设及其效益评估方向拓展（贾行飞和戴菲，2015）。第二阶段为 2013~2016 年。随着我国生态环境保护力度不断增强，学术界对绿色基础设施展开了广泛讨论，从村（张云路和李雄，2013）、社区（刘文等，2016）、县（刘鹤等，2014）、市（于亚平等，2016）等不同尺度对绿色基础设施网络构建与生态安全保障方面进行的研究逐步增加。第三阶段为 2017 年至今。进一步深化了格局优化研究（邢忠等，2020），构建了较为系统的绿色基础设施评估体系（谢于松等，2020），从不同视角进行综合效益评价（顾康康等，2017）。无论是发文数量还是研究内容，这一阶段绿色基础设施研究已达到前所未有的高度，但社会的认知度依然较低，尚未得到政府部门和学界的广泛认可。

2）发文国家合作网络发达

绿色基础设施研究领域国家合作网络发达，共 79 个网络节点、361 条连线。在检索到的英文文献当中发文量排名前五的国家分别为美国、中国、英国、意大利和澳大利亚（表 2.3），占发文总量的 65.3%。中国作为本领域研究较为深入的国家之一，发文量高达 203 篇，占 11.4%，中心度为 0.12，相比美国、英国的影响力仍较小。德国发文量不及中国，仅有 76 篇，但其中心度与中国持平，为 0.12。虽然瑞典发文量仅有 48 篇，但其中心度相对较高，合作网络最为发达，且发文质量总体较高，是绿色基础设施研究领域具有较高影响力的国家。其次是意大利、荷兰、加拿大、澳大利亚和西班牙，因此发文量并不能决定是否能成为研究领域的关键性影响国家。

表 2.3　研究排名前 10 国家统计表

排序	国家	发文量/篇	中心度
1	美国	385	0.20
2	中国	203	0.12
3	英国	122	0.23
4	意大利	98	0.11
5	澳大利亚	82	0.08
6	德国	76	0.12
7	西班牙	54	0.03
8	瑞典	48	0.11
9	荷兰	47	0.09
10	加拿大	42	0.09

3）研究机构有权威且影响大

国外绿色基础设施研究以美国、瑞典、英国、中国、芬兰等国家的高等学校和研究机构为主导，期刊文献主要来源于美国国家环境保护局（U.S. Environmental Protection Agency）、瑞典农业科学大学（Swedish University of Agricultural Sciences）、哥本哈根大学（University of Copenhagen）、中国科学院（Chinese Academy of Sciences）等知名研究机构。其中，斯德哥尔摩大学（Stockholm University）是绿色基础设施研究的核心机构，中心度为 0.08；其次是美国国家环境保护局、亚利桑那州立大学（Arizona State University）（表 2.4）。

表 2.4　国内外研究排名前 10 机构统计表

英文文献			中文文献		
机构	数量/篇	中心度	机构	数量/篇	占比
美国国家环境保护局	18	0.04	北京林业大学	56	5.66%
瑞典农业科学大学	16	0.02	同济大学	42	4.25%
亚利桑那州立大学	15	0.04	重庆大学	37	3.74%
哥本哈根大学	15	0.02	哈尔滨工业大学	26	2.62%
斯德哥尔摩大学	15	0.08	南京林业大学	15	2.63%
德国亥姆霍兹环境研究中心	14	0.01	北京大学	13	1.52%
萨里大学	13	0.01	重庆大学	13	1.31%

续表

英文文献			中文文献		
机构	数量/篇	中心度	机构	数量/篇	占比
中山大学	12	0.04	西安建筑科技大学	13	1.31%
慕尼黑工业大学	12	0.01	华中农业大学	13	1.31%
中国科学院	11	0.02	华中科技大学	11	1.11%

国内绿色基础设施研究集中在北京林业大学、同济大学、重庆大学、哈尔滨工业大学和南京林业大学等高校。其中，同济大学的王云才、北京大学的栾博、南京大学的孔繁花等研究较为深入，华中科技大学、华中农业大学和西安建筑大学的研究成果多是硕士论文，较为系统。中山大学、中国科学院影响力较大，但发文量主要集中在英文期刊。

国外绿色基础设施发文量排在前五的期刊是分别是 *Sustainability*、*Urban Forestry & Urban Greening*、*Landscape and Urban Planning*、*Science of the Total Environment*、*Water*，均为环境科学与生态学类高质量期刊，相关研究广泛且深入，研究内容多集中在生态、社会、经济等方面存在的问题上。而国内发文量较多的期刊为《风景园林》《中国园林》《建筑与文化》《景观设计学（中英文）》《生态学报》等，主要为风景园林与规划类期刊。近年来，绿色基础设施建设成为一项复杂的系统工程，需要建筑学、生态环境保护治理修复学等多个学科的相互支撑（表 2.5）。

表 2.5　国内外发文量排名前 10 期刊统计表

英文文献			中文文献		
期刊	数量/篇	占比	期刊	数量/篇	占比
Sustainability	130	10.61%	风景园林	74	7.48%
Urban Forestry & Urban Greening	88	7.18%	中国园林	56	5.66%
Landscape and Urban Planning	47	3.84%	建筑与文化	24	2.43%
Science of the Total Environment	46	3.76%	景观设计学（中英文）	22	2.22%
Water	40	3.27%	生态学报	17	1.72%
Journal of Cleaner Production	32	2.61%	园林	15	1.52%
Journal of Environmental Management	29	2.37%	建设科技	14	1.42%
Ecological Indicators	19	1.55%	现代园艺	14	1.42%
International Journal of Environmental Research and Public Health	18	1.47%	国际城市规划	13	1.31%
Civil Engineering	16	1.31%	城市建筑	11	1.11%

2. 研究方向和热点

1）关键词共现

国外研究中出现频次排名前十的关键词主要包括 green infrastructure、ecosystem service、city、management、climate change、impact、space、biodiversity、urban、stormwater management[图 2.5（a）]，以生态系统服务、气候变化、生物多样性等生态功能和效应研究为主，侧重于绿色基础设施生态功能、服务与效益方面的研究。而国内的关键词主要包括风景园林、海绵城市、雨洪管理、景观规划、绿道、城市设计、景观设计、气候变化、生态网络、景观格局等研究，更侧重绿色基础设施的规划、效应、功能及其管理等[图 2.5（b）]。

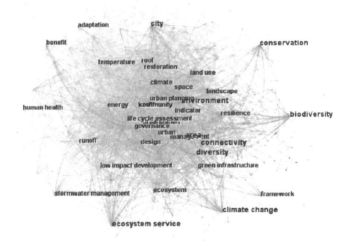

(a) 英文文献

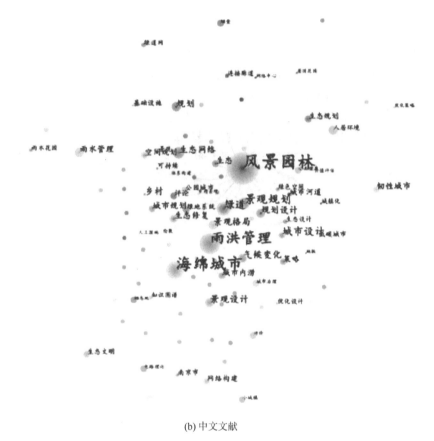

(b) 中文文献

图 2.5　绿色基础设施关键词共现

2）关键词聚类

国外研究共有 10 个有效聚类，Q 值为 0.3625，S 值为 0.6915，聚类结构显著且十分合理。英文聚类包括：①"stormwater management"研究低影响开发下的雨水径流、质量、管理、过程等，旨在解决城市洪涝灾害、维护地区水资源平衡，包含"urban hydrology""sustainable urban water management"等主要研究内容；②"connectivity"是绿色基础设施重要的特征，通过模型与方法，研究其景观连通性；③"urban heat island"主要采用城市规划、建设和管理等手段，改善城市热环境；④"air quality"集中在降尘、固氮、吸收有害气体、净化污水、减轻噪声等方面；⑤"environmental justice"，国外较为流行的视角，以实现绿色基础设施在数量、质量上相对均衡为目标；⑥"urban forest"，研究森林和植被对城市环境的影响，与"air quality"存在一定交叉；⑦"cultural ecosystem service"

研究绿色基础设施的社会服务功能和效益；⑧"environmental governance"，通过绿色管理、投资等手段，提高绿色基础设施的价值和效益。相关研究主要围绕开敞空间和城市内部的绿色基础设施对生态环境的影响，集中对气体调节、气候调节、水文调节、净化环境、生物多样性等方面进行研究，尽管研究内容、重点和方向较为多元化，但很容易看出核心研究是围绕雨洪管理开展的。

国内研究共有 11 个有效聚类，Q 值为 0.7571，S 值为 0.9349，聚类结构较为显著，聚类结果令人信服。中文聚类包括：①"风景园林"，由以"绿色基础设施"和"风景园林"为核心的两大聚类区组成，主要解决人与生态环境之间存在的冲突，是国内研究的核心方向。②"海绵城市"，旨在使城市像海绵一样，在适应环境变化和应对自然灾害等方面具有良好的"弹性"。③"雨洪管理"，基于海绵城市的理念，结合工程、管理等手段，实现城市雨洪安全和高效利用降雨。④"景观规划"，作为城市景观生态的重要组成部分，城市景观规划的实施促进了绿色基础设施的建设。⑤"城市设计"，通过对城市内部和外部一定腹地的土地、植被、水文等的分析，确定绿色基础设施的要素组成和空间格局。⑥"规划"，以多层次的规划指导实现绿色基础设施的全方位建设，结合自然资源禀赋及建设的现状和不足，通过规划手段制订建设方案。⑦"乡村"，乡村绿色基础设施逐渐成为城市的重要补充，成为城乡融合发展中生态网络的关键组成要素。⑧"空间规划"，在国土空间规划管控策略中统筹考虑区域生态安全格局与生态环境问题，注重绿色基础设施的管控。⑨"cirsuitscape"，运用电路理论建立异质景观连接度模型的开源程序，用在生态演变和保护规划方面。⑩"优化策略"，通过规划、建设、管理手段，提高绿色基础设施的质量。相关研究更侧重运用绿色基础设施相关理论，通过形态空间格局分析与 GIS 空间分析手段，构建绿色基础设施网络作为生态保护格局和规划的建设依据以解决城市生态环境问题。绿色基础设施关键词聚类，如图 2.6 所示。

3）关键词突现

在关键词共现和聚类分析的基础上，筛选国内外研究突现较强的 10 个关键词，通过分析不同时期关键词的变化，展现绿色基础设施研究发展的过程、热点变化趋势。

早期国外绿色基础设施研究成果多为会议报告，仅有 4 篇公开发表文献，最早的一篇是 1995 年发表的，起初的研究集中在概念的界定、方法的探讨和评估的应用上。2010～2017 年突现较强的关键词为"health""cloud computing""human health"，人们十分关注绿色基础设施对身体健康的有益性，生态环保意识不断提高；2012～2015 年突现词转变为"diversity""performance"，更加关注生物多样性和绿色基础设施所发挥的作用，从简单的生态服务功能关注转变到设施建设的实践；2015～2019 年突现词为"bioretention""urban greening""water sensitive urban design""impact development"，由于城市景观能提供多种生态系统服务，城市绿

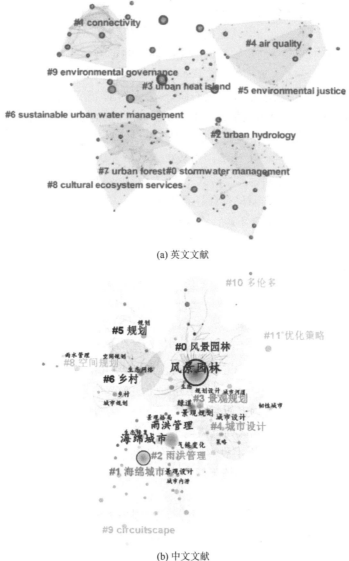

(a) 英文文献

(b) 中文文献

图 2.6　绿色基础设施关键词聚类

图（b）中#10 多伦多是关键词中研究区域最多的地区，研究仅针对研究领域进行分析，暂且不考虑；此为软件输出结果，多次尝试无法显示#7，故跳过

化、水敏性城市设计、低影响开发实践常被融入到绿色基础设施建设中，这对城市综合管理来说至关重要。2018 年开始，"metropolitan area"关键词突现，人们不再单纯关注单一城市，而更加关注大都市区的绿色基础设施宏观规划建设（图 2.7）。

关键词	年份	长度	开始年份	结束年份	2000~2022年
health	2010	4.42	2010	2012	
cloud computing	2012	4.21	2012	2016	
diversity	2012	4.07	2012	2015	
performance	2014	3.53	2014	2015	
bioretention	2015	4.08	2015	2017	
human health	2016	4.44	2016	2017	
urban greening	2016	3.60	2016	2017	
water sensitive urban design	2018	3.57	2018	2019	
impact development	2018	3.57	2018	2019	
metropolitan area	2018	5.57	2018	2019	

图 2.7　英文文献关键词突现检测

国内绿色基础设施研究经历了由"点"到"线"再到"网络"的发展历程。其中，2004~2009 年，关键词突现词为"网络中心"，研究者开始关注绿色基础设施生态斑块及网络中心。2009~2019 年，关注生态廊道的建设，以城市河道作为主要生态廊道逐渐延伸到生态绿道，这一阶段更加注重生态规划和生态网络的构建。2019~2022 年，随着国家提出构建生态文明建设体系，绿色基础设施作为生态文明建设的主要载体，被各地区高度重视，同时由具体的工程项目转向到宏观的规划设计，这从突现词"雨水管理""公园城市"当中可以看出，这一阶段从绿色基础设施项目建设到绿色基础设施型城市实践逐步深入推进（图 2.8）。

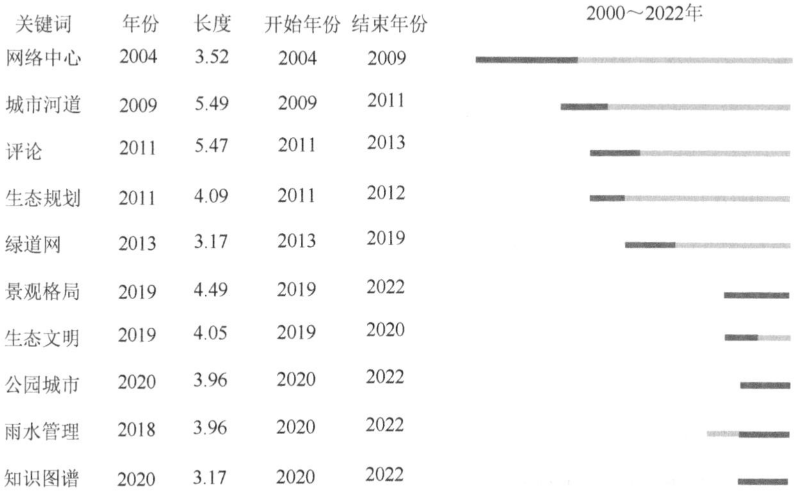

关键词	年份	长度	开始年份	结束年份	2000~2022年
网络中心	2004	3.52	2004	2009	
城市河道	2009	5.49	2009	2011	
评论	2011	5.47	2011	2013	
生态规划	2011	4.09	2011	2012	
绿道网	2013	3.17	2013	2019	
景观格局	2019	4.49	2019	2022	
生态文明	2019	4.05	2019	2020	
公园城市	2020	3.96	2020	2022	
雨水管理	2018	3.96	2020	2022	
知识图谱	2020	3.17	2020	2022	

图 2.8　中文文献关键词突现检测

2.1.3　当前绿色基础设施研究的侧重点

目前，国内外绿色基础设施研究的热点、方向、变化趋势存在较大差异，但研究的侧重点基本一致，主要集中在时空格局演化、效益评价、供需测度及格局优化等方面。

1. 时空格局演化

绿色基础设施在空间上是一个互相联系的绿色空间网络（刘佳等，2018）。受自然条件、经济水平、社会文化和政策导向的影响，在不同尺度、不同模式、不同发展程度的地区，绿色基础设施网络的组成结构、空间布局及景观特征等方面会有差异（Wang et al.，2019a；赵海霞等，2022）。随着社会经济发展对城市土地利用结构和景观格局的影响，绿色基础设施时空格局也会发生变化（穆博等，2017）。相关研究表明，由于建设用地扩张对绿色空间的侵占、割裂等，绿色基础设施面积随城市化进程的加快有所减少（于亚平等，2016；林鸿煜等，2019），其结构组成及景观特征不仅具有明显的空间异质性（陈晨等，2019），而且随着土地利用方式的快速转变，各类要素如森林、河流、湿地或城市公园、绿道等的时空变化特征明显（Wickham et al.，2017；杨利等，2019）。由于社会经济发展对土地利用结构和景观格局的改变，其生态系统服务价值总体呈下降状态（张炜，2017），但在长三角生态绿色一体化发展示范区等特殊区域内水体服务价值保持增加（尚晓晓，2020）。整体上，绿色基础设施格局演化相关研究已取得较为丰富的成果，但更多集中在网络结构与特定要素变化分析上，多是基于土地覆盖类型进行景观格局分析，或者是结合形态学空间格局分析（morphological spatial pattern analysis，MSPA）方法与连通性分析方法进行分析（Chang et al.，2015；常青等，2012；于亚平等，2016），且针对单一要素的研究很少跳出景观生态学研究框架，融合地理学视角关注其时空序列的格局变化的研究相对较少，也鲜有研究关注不同类型要素的演化规律。在绿色基础设施空间格局研究中融合地理学视角与方法，将总体格局与组成结构结合起来进行测度，探究格局演化一般规律及其主导要素类型，将促进对绿色基础设施格局演化的进一步理解与认识，丰富绿色基础设施研究范畴。

2. 效益评价

绿色基础设施是一个服务于环境、社会和经济健康的生态学框架——自然生命支持系统，能够产生生态、社会、经济等多重效应，而且不同尺度的绿色基础设施具有不同的生态系统服务功能与水平（Venkataramanan et al.，2019；栾博等，2017）。作为生态系统服务的空间落实途径，保护自然系统和生物多样性是绿色基础设施最重要的目标，通过调节气候温度（Norton et al.，2015；Morris et al.，2017；Wang et al.，2019b）、改善空气质量（Pugh et al.，2012；Kumar et al.，2019；Ramyar et al.，2020；韩晔和周忠学，2015）、提升雨洪调节（Kousky et al.，2013；Li and Bergen，2018）、保护生物多样性（Hostetler et al.，2011；Lovell and Taylor，2013）以及防灾减灾（陈康林等，2017）等多重功能，可以产生巨大的生态环境效益。绿色基础设施还包括更为广泛和多样的目标，通过保护和链接分散的绿地、改善周围环境引起人们生理、情感和认知过程的变化（Navarrete-Hernandez and Laffan，2019），在增进身体健康（Kim and Miller，2019；Kumar et al.，2019）、改善心理状态（Nutsford et al.，2013；Kim and Miller，2019）、降低城市犯罪（Tzoulas et al.，2007）、提供科学文化教育（Johnson et al.，2019）等方面发挥重要作用。此外，绿色基础设施对城市经济发展的影响同样不可忽视，通过节约资金成本（Teotónio et al.，2018）、减少能耗（Nutsford et al.，2013）、增加土地和房地产价值（尹海伟等，2009）、吸引投资和商机（Netusil et al.，2014）等途径为城市带来一定的经济效益。

总体而言，针对绿色基础设施具体技术的单要素或单方面物质环境评价的研究较多，尽管绿色基础设施的多重效应已得到广泛证实，但全面涵盖生态、社会、健康福祉等方面的综合功能或绩效评价尚处于探索阶段（Pakzad and Osmond，2016；顾康康等，2018a），仅有少量的有关绿色基础设施综合指标构建研究，而且基本处于框架性探索阶段（Tiwary et al.，2016；栾博等，2017）。此外，对绿色基础设施在区域内作用范围的研究相对较少，难以判断绿色基础设施提供效益的空间公平性（Wang et al.，2019a；尹海伟等，2009；Zhu et al.，2019）。综上，绿色基础设施研究逐渐由单方面的评估转变为综合评估，未来应在生态系统服务价值评估方法的基础上，完善城市绿色基础设施的生态-社会-经济的评估体系。

3. 供需测度

城市绿色基础设施耦合了自然生态系统服务与人类社会福祉，提供的生态系统服务具有公共生态产品的属性，需要关注其供给与需求的空间匹配问题（肖华斌等，2019）。目前关于供需空间分布的研究多集中在气候调节、文化及健康服务等供给方面，即使考虑供需平衡，也仅从空间公平或社会公平角度出发，耦合绿色基础设施服务能力及覆盖范围内居民数量探讨城市绿地供需平衡性（吴健生等，2016）、评估其社会服务水平分布的均衡性（Xiao et al.，2017），对需求主体的分布及行为探讨较少，忽略了供需空间分布密度相适应的原则（桂昆鹏等，2013），更缺乏科学的理论支撑。尽管学者认为绿色基础设施服务供需关系对生态系统和人类社会发展的影响至关重要，但是对生态系统服务供需关系的研究较少，且大多数供需关系研究停留在理论研究阶段，缺少定量化分析（顾康康等，2018b；刘颂和杨莹，2018）。相关研究多从绿色基础设施供给角度出发探讨，对于受益群体的需求关注度仍显不足，这成为目前城市建设中绿色基础设施郊区成片建设、主城破碎化的重要原因（王晶晶等，2017）。因此，融合经济学视角，从服务多元化角度研究绿色基础设施供需关系，科学测算绿色基础设施供给与需求，分析供需平衡状况与空间分异规律，可以为研究区绿色基础设施网络差异化建设提供定量依据，对实现区域生态安全与城市健康发展具有重要现实意义。

4. 格局优化

合理规划和建设城市绿色基础设施是可持续城镇化的重要组成部分，绿色基础设施科学优化更是提升城市韧性与可持续发展能力的重要景观安全保障策略。对绿色基础设施空间异质性的正确认识是科学规划与分区管理的前提，当前研究除简单空间格局分析外，主要基于功能评估绿色基础设施空间分区（顾康康等，2018a），但角度单一且数量较少，同时在忽略人的主观诉求的情况下难以为优化管理提供更具针对性和合理性的参考（王晶晶等，2017）。一些研究在绿色基础设施空间分区的基础上，延续了功能评估的方法，进行不同尺度的绿色基础设施空间规划（裴丹，2012）。有的学者在结合 GIS 技术与形态学空间格局方法识别绿色基础设施要素的基础上，依据生态学、景观学等理论方法对网络中心和廊道等进行优化调控（孔繁花和尹海伟，2008）、改善其空间布局形态（Kousky et al.，2013）。此外，还有基于能量循环（Zhang et al.，2011）、生态绩效（Tiwary et al.，2016）、电路理论（刘佳等，2018）、空间优先级（魏家星等，2019）等理论开展绿色基础设施优化调控的研究。尽管城市居民需求是进行绿色基础设施格局优化需要考虑的重要因素（王晶晶等，2017），但基于供需平衡的空间优化调控研究在诸多城市规划及绿色基础设施服务水平研究中并未受到重视（肖华斌等，2019）。

总体上，相关研究已比较广泛，研究成果较为丰富，多学科相互交叉，在生态科学等主要学科引领下，规划设计等领域交互影响的研究文献不断出现，绿色基础设施应用的多维效应逐步显现。但其中对社会、经济、政策，尤其是各利益相关者等因素的考虑略显不足（Raei et al.，2019；栾博等，2017），也少有涉及不同布局情景的模拟（李咏华等，2017；林鸿煜等，2019）。因此，将定性分析与定量研究相结合，合理构建绿色基础设施优化分区的供需平衡理论分析框架是未来研究重要的创新方向。在此基础上，综合考虑生态、社会、经济、政策等因素，模拟不同情景方案，提出区域差别化的优化方案与调控对策是绿色基础设施研究应用性的体现。

2.2　绿色基础设施与发展和保护的融合研究

不同类型的绿色基础设施要素具有不同的功能及其组合形式。绿色基础设施建设与社会经济发展逐步形成良好的互馈机制，其重要生态服务功能也被融入生态环境保护修复实践，在平衡发展与保护中绿色基础设施格局的优化调控研究备受关注。

2.2.1　绿色基础设施与社会经济发展的融合研究

1. 绿色基础设施要素及其功能组合

绿色基础设施要素构成主要有斑块、廊道及生态网络，各要素类型及其功能与区域地理环境、人类干扰影响有密切关系。

1）斑块

绿色基础设施斑块分自然型与复合型两类。自然型斑块是指生态过程运行稳定、自我调节功能完善、抗自然与人为干扰能力强的斑块，生态服务以涵养水源、保持水土、调节气候、净化环境、保护生物多样性为主，因斑块结构功能完整性与原真性而具有较高的生态价值，包括原始森林、国家公园、湖泊湿地、自然保护区、森林公园、风景名胜区等。复合型斑块是指用以改善景观环境质量、美化环境、休闲游憩功能的斑块，包括公园、游园、绿地、口袋公园等，更贴近生产与生活空间，是自然生态过程的人工仿制，对城市生态环境质量改善起着重要作用。

根据面积大小，斑块可分为大型斑块（≥10 000 m²）、中大型斑块（≥3000～10 000 m²）、中型斑块（≥500～3000 m²）、小型斑块（<500 m²）。斑块面积越大、功能越强；有序分布与杂乱分布功能效应不同、紧凑链接效应好于多点松散。大型或中大型斑块多以丘陵山体或岗地台地形式存在，其境内分布有森林、林地、灌木、草丛、动植物及其摄食和迁徙通道，此类斑块在一般山水城市比较多见；中心城区的大型斑块多被建设用地斑块分割与破碎成零散的小型斑块，但受地势起伏与地貌单元结构完整性等自然地理条件的影响，其生态服务功能及生态保护价值依然不可忽视；分布于城乡接合部或郊区的大型或中大型斑块承载着江河湖海流域水源涵养区功能，因此在城市总体格局中，大型、中大型斑块往往形成宏观尺度的生态屏障。

健康的城市生态系统可为城乡居民提供自然型、复合型斑块等诸多功能交错的生态服务，绿色基础设施斑块区位、数量、规模、形态、功能组合的有序性对生态系统稳定运行具有一定积极影响。以绿色基础设施斑块与城市建设用地斑块的关系为例，由于城市化地区的生产空间分布较为集中，国家级、省市级开发区或工业集中区产业集聚明显，选址往往邻河、邻路、邻镇布局，与绿色基础设施斑块有一定的空间关联。不仅如此，绿色基础设施斑块对这些生产空间的生态服务功能还体现在空气污染物稀释扩散净化、保护饮用水源水质安全、防控污水集中处理后的尾水影响周边水域等方面，主要发挥踏脚石的作用，斑块节点可实现绿色生态空间网络从结构到功能的联通。

2）廊道

廊道是指区域空间中具有生态服务功能与相邻两边环境不同的线性或带状结构。廊道是连接斑块与生态网络的桥梁，是重要的空间要素，结构特征包括组成内容、宽度、内部环境、形状、连续性以及与周围斑块或基底的作用关系。按照组成成分，廊道可分为水生态廊道、绿生态廊道、路生态廊道等类型。

水生态廊道是指以水生态源地、河流水系、人工渠系等水体为主体形成的线性或带状空间，具有时间与空间两类维度属性，横向（横断面方向）由河床、水、漫滩、堤岸等结构要素组成，纵向（河水流向）由不同地理区位的土地利用类型组成，竖向由不同时期的淹没深度与生物层次组成，各生态过程随着时间推进发生动态演替。水生态廊道经过城市化地区，具有过境水的特点，具有生产、生活、生态功能交错切换的态势，气候调节、环境改善、水质净化等功能压力大。水路交错地带土地利用方式复杂多变，水体生态系统除大江大河外还有众多的边滩、洲岛，三角洲和河口地区的生态系统尤为多样。干流水生态廊道包括河床、边坡、洲岛及岸上的防洪堤坝，各地堤坝的背水坡宽度是不同的，如长江上游的重庆约为 1 km、中游的武汉约为 1.1 km、中游的岳阳为 1.1～1.3 km，下游的南京约为1.5 km。水生态廊道的腹地有港口码头、仓储等建设用地和观光旅游等生活空间，以及开阔的农村和农田，工业企业排污口及其断面，会导致干支流水环境质量较差，饮用水源取水口及一二级保护区和准保护区范围也会受影响，建设用地开发对城市水源安全影响较大。随着长江经济带共抓大保护、黄河流域生态保护和高质量发展战略的实施，江河沿岸城市生态廊道逐步聚焦于岸线资源开发利用与环境综合整治、生态保护修复关系的研究。

绿生态廊道是指森林、林地、防护林带（农田防护林带、防风固沙林带、农田防护林带、草原防护林带、护岸林带、护路林带、海防林带）、湿地、绿带等绿色植被构成的线性或带状空间，它能连接孤立的生境斑块，为物种提供栖息地和移动、传播的通道，促进斑块间的基因交流和物种流动，有利于生物多样性的保护。绿生态廊道以保护和改善城市生态环境质量、防止城市无序扩张、保障城市格局按一定的规划方向发展为主要目标，在城市化的进程中保护自然的生态环境，为人类生活提供健康的休闲、娱乐场所，保护重要的历史文化景观格局，尤其是以自然景观为主的历史文化资源。绿化带的乔灌草结构易受人为践踏破坏，常态化监督、监测对维护廊道功能的完整性比较重要。绿化廊道宽度多控制在 5～15 km，大城市绿化廊道的总长度在 100 km 以上，绿化廊道面积多在 800 km² 以上，中等城市绿化控制带面积也有 100 km²。

路生态廊道是由高快速道路、城市道路、铁路等各类道路系统构成的线性或带状空间，可促进物质、能量流、生态流的流通。路生态廊道主要由道路及其两侧的绿化带组成，宽度与长度随城市化地区的范围和道路的等级而定，高等级公路双向八车道宽度是 30 m、四车道 15 m；三级以上多车道公路每条机动车道宽度为 3.5～3.75 m，城市干道人行道一般最少 3 m 宽。路生态廊道生态环境的主要问题是机动车尾气排放、噪声与扬尘污染、道路两侧土壤重金属尤其是铅污染对人群健康以及农田生态系统的胁迫影响，因此，道路两侧绿化带植物种群的选择应以净化空气污染物、防治噪声、控制扬尘污染、增强空气流通性为主要目标。

廊道的功能主要有生态功能、空间约束功能、游憩功能、文化教育功能、经济功能、防灾功能。①生态功能。廊道为生物提供适合栖息的环境，使其避免外界干扰和人类的意外伤害；为斑块间物种、物质及能量传输和交流提供通道，将各生境斑块连接起来，可以减少甚至消除生境破碎化对生物多样性的不利影响；能够保存本土物种和种质资源，是城市生态系统的基础和供给源。②空间约束功能。廊道可以用来分隔城市的各功能组团和控制城市发展，能有效地分隔城市空间、限制城市无节制扩张，又能加强城乡生态系统之间的联系，促进物种交流和物质、能量的流动。③游憩功能。城市生态廊道能改善城市环境，作为城市生物多样性的展示窗口，为人们近距离接触自然提供便利。减少城市交通噪声的干扰，为居民的日常生活和工作提供安全便捷的通道。④文化教育功能。基于城市原有的自然本底建立，其中所包含的古树名木、城市肌理、文物古迹等能反映城市特有的文化，达到展示当地文化的作用。更重要的是城市生态廊道是城市生物多样性展示的空间，具有宣传、教育的功能，有利于人们直观地认识城市生物多样性，提高保护意识。⑤经济功能。廊道的建设提高了建设地段的环境质量，带动了周边土地升值，同时，生态廊道本身的景观和游憩功能也带动了当地商业、服务业的发展，带来巨大的经济效益。⑥防灾功能。廊道具有防灾避险的功能，在目前城市用地紧张的条件下，合理利用廊道建设避灾通道和临时避难空间，能最大限度地保证居民的生命财产安全。

3）生态网络

生态网络是以廊道为纽带，将城市中孤立的生境斑块联系在一起形成的"点—线—面"相结合的城市生态体系，它是城市的自然骨架，对维护城市生态系统的稳定、保护生物多样性和生态环境、维持城市空间格局的完整性有着重要作用。各城市自然环境、城市风貌各不相同，决定了城市生态廊道网络布局具有多元化。

比较理想的生态网络结构包括斑块、廊道、节点等的链接，在"生态斑块—

生态廊道—生态节点"生态网络结构中（图 2.9），生态斑块主要是为物种长期或短期的栖息提供场所的块状区域，具有较高的生态敏感度和生态功能价值；生态廊道通过其线状或带状空间结构为生物和物质能量流动提供通道，实现各生态斑块之间的互联互通；生态节点是指水生态廊道、绿生态廊道、路生态廊道等各类生态廊道交汇形成的节点，在生态效应过程中发挥关键节点作用，有利于增加网络流通性，为生物迁徙提供临时栖息空间。

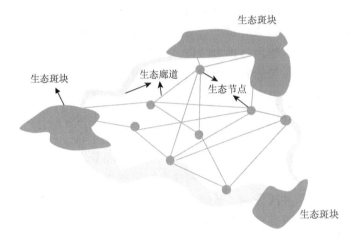

图 2.9 "生态斑块—生态廊道—生态节点"生态网络结构

还有一种是以绿生态廊道为主骨架的网络模式，其布局形式主要包括廊道串联式、环网包围式、楔向放射式、复合式等四种（图 2.10）。廊道串联式以水网、山脉、道路等连接彼此独立的分散斑块和节点从而形成系统完整的网络。环网包围式指的是城市区域周围被山地、林地、湿地等绿色空间环绕，形成一圈环城的绿色廊道，内部为紧凑的城市空间，外部为城市的缓冲发展区域，内外通过一定数量的小型绿色廊道连通。楔向放射式依托山谷、河谷、河流、交通等绿脉空间组成一定规模的绿楔结构嵌入城市内部。复合式网络是以环网和绿楔为骨架，将单一的网络布局模式有机地结合起来的网络形式。

廊道串联式　　　　　环网包围式　　　　　楔向放射式　　　　　复合式

图 2.10 生态网络分类

生态网络具有降温增湿、改善及保持水土、固碳释氧、净化空气、滞尘降噪等作用，有利于改善城市小气候，为动植物迁徙、繁衍、生存提供更广阔的空间载体和物质资源保障，有利于城市栖息地的建设与发展，促进城市动植物的信息交流，维持城市生物多样性，有利于生态系统的物质、能量的循环。在社会生活方面，城市生态网络将城市的绿色空间串联起来，提升了绿色空间的连接性和可达性，为城市居民提供交往空间和美学教育场所，促进居民身心健康；同时，改善城市环境能够带动房地产价值上涨，为经济发展做贡献。

4）绿色基础设施生态服务功能分类

依据自然服务的供给和人类社会的福祉，将生态系统服务分为供给服务、支持服务、调节服务和文化服务，其主要生态功能有水资源供给、农业生产、空气净化、固碳释氧、气候调节、降低噪声、水文调节、生物多样性保护、观赏游憩、美学价值、科学教育、遗产文化（表 2.6）。

表 2.6　绿色基础设施生态功能分类及功能描述

服务类型	生态功能	功能描述
供给服务	水资源供给	对维持城市生产和生活功能具有重要作用，其包括饮用水资源的提供和非饮用水资源的提供两种类型。水资源供给功能的提供者包括河流、湖泊和浅层地下水等
	农业生产	农业生产服务的主要提供者是耕地、果园、经济林地及水产养殖区域等，维持着城市的农林牧渔产品的供给
支持服务	空气净化	通过叶片的吸附、积累和降解作用净化空气中的二氧化氮、臭氧、二氧化硫，以及悬浮颗粒物等污染物来提升城市的空气质量
	固碳释氧	通过光合作用对空气中的二氧化碳进行固定并释放氧气，维持着生态系统的碳氧平衡，并通过降低温室气体含量，缓解全球气候变暖
调节服务	气候调节	通过蒸腾、遮阴及降低风速等功能来实现调节城市气候环境，缓解城市的热岛效应
	降低噪声	发挥屏障作用、吸收作用、衍射作用等，作为噪声缓冲区，降低噪声对城市环境的影响
	水文调节	通过雨水的截留和过滤等多种方式消纳和渗透雨水径流，维持自然界的水循环过程
	生物多样性保护	通过为动物和植物提供栖息地和繁育场所，支持地方的物种多样性、生态多样性和基因多样性
文化服务	观赏游憩	为居民或游人提供游憩活动所产生的价值
	美学价值	自然景观和文化景观为人们带来的愉悦价值以及本身客观美学属性拥有的价值
	科学教育	为社会提供开展正式教育和非正式教育的功能，包括提供教育空间、提供科研场所等
	遗产文化	在历史、艺术和科学方面的价值

在绿色基础设施生态服务功能分类体系中，城市化地区绿色基础设施研究关注的方面主要体现在：一是人水关系和谐，如水资源供给、河湖水系循环畅通、饮用水源水质安全保障、洪涝灾害防治等；二是水绿复合生态系统服务在生产、

生活空间环境改善与提升等方面的表现；三是自然生态维护与受损区域或流域保护修复工程的实效；四是地域乡土文化、感知、审美需求的满足程度。

2. 绿色基础设施建设与社会经济发展的互馈机制

互馈是指绿色基础设施建设与社会经济发展之间的相互作用关系。它们的相互作用既有正反馈，也有负反馈。绿色基础设施建设与社会经济发展的互馈主要表现为绿色基础设施建设管理主管部门（包括经济发展、国土资源与规划、农业农村、水利、园林、生态环境、林草、交通、航运、口岸、金融财政等）持续对绿色基础设施进行优化调整，社会经济以某种方式或实践效应反馈到主管部门，从而使绿色基础设施效应与主管部门的目标误差减小，城市生态系统趋于稳定。如果主管部门不能跟踪社会经济发展的需求，那么绿色基础设施效应偏差会不断增大，导致生态系统震荡，进一步调整优化绿色基础设施的压力增大、任务加重。绿色基础设施建设对社会经济发展的响应涵盖时空动态响应和供需平衡响应。其中，时空动态响应是指绿色基础设施建设对发展空间扩张的激励和约束，供需平衡响应是指绿色基础设施建设对社会经济发展需求的盈余或亏缺，绿色基础设施通过自然生态调节与斑块、廊道、生态网络优化提升发挥各种效应。我国在可持续发展进程中粗放的经济发展方式对绿色基础设施建设与修复具有一定的负面响应，绿色基础设施建设的时空动态响应为后续的生态修复与保护敲响了警钟，生态文明建设和"美丽中国"奋斗目标对供需平衡的实现具有重要的支撑意义（图 2.11）。

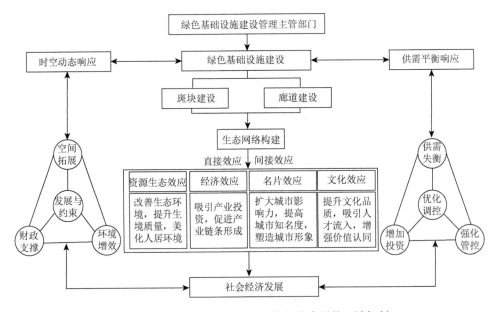

图 2.11　绿色基础设施建设与社会经济发展的互馈机制

绿色基础设施建设与社会经济发展的互馈机制通过资源生态效应、经济效应、名片效应、文化效应直接或间接地加以表达。从生态文明建设的实践可以看出，绿色基础设施建设对城市社会经济发展和生态系统稳定运行的影响的正反馈是有效的，社会经济发展对绿色基础设施功能提升的负反馈效应主要体现在以下方面。

（1）绿色基础设施建设具有资源生态效应。社会经济发展推动绿色基础设施的投资建设，而绿色基础设施建设又帮助改善生态环境、提升生境质量和美化人居环境，对生态文明建设发挥推动作用。为城市居民提供生存和生产生活的条件，如洁净的空气和水体、适宜的温度湿度、较少的灾害和较高的生物多样性，具有较高的资源生态环境效益。资源丰富、生态环境良好的地区更能够吸引人们工作生活，为城市发展提供资源和劳动力保障。

（2）绿色基础设施建设具有经济效应。以绿色基础设施为主体的城市生态环境的改善必然会优化城市的发展环境，提升城市经济的发展活力，促进产业链条的形成、推动补链强链的发展，将环境优势转变为经济发展优势，带动区域产业结构绿色低碳转型，特别是以房地产业、金融业、服务业、旅游业、科研教育产业、创意文化产业为代表的第三产业。这种经济效应可以带动整个城市的有形和无形资产的增值，形成对周边地区的资本集聚和辐射带动能力，从而促进区域经济的发展。

（3）绿色基础设施建设具有名片效应。城市名片的组成包括物质性和非物质性两个方面，物质性部分主要指城市的建筑、街道、绿地和经济发展水平等外在空间环境，非物质部分指城市的潜在资源特色、名牌景区、历史文化和城市居民所展现的整体生活状态、精神面貌等。城市绿色基础设施是城市名片的重要组成部分，通过营造"城市名片"，可以扩大城市的影响力、提高城市的知名度、塑造城市形象。

（4）绿色基础设施是地域文化的重要标志，绿色基础设施建设具有文化效应。一个城市的文化内涵是城市在长期历史发展过程中所积累传承的脉络。城市绿色基础设施和城市建筑公共空间是城市的外在空间环境，与其他文化深入融合共同形成城市的文化标志。不同的城市有着各自独特的历史文化发展脉络，在这种脉络中产生了不同城市差异化的文化特质。城市文化也是吸引人才工作、生活的重要影响因素，文化所承载的价值认同能吸引更多的人才流入。

2.2.2 绿色基础设施与生态环境保护修复的融合研究

1. 绿色基础设施对环境保护的作用

绿色基础设施为推进污染物减排与治理提供支撑。为综合整治城市水环境，特别是消除黑臭水体，在实施截污、清污分流的基础上，还广泛采用湿地和水生植物斑块（含漂浮植物和沉水植物）净化水体。城市饮用水源保护区整治工程利用上游边滩、湿地、土壤和草本植被等生境条件，拦截净化污染物，同时将洲岛湿地规划建设为湿地森林公园或生态岛，为饮用水源水质稳定达标保供提供了绿色基础设施解决方案。农田防护林带协同农田引排水沟渠的蓝绿廊道，是有效削减农田氮磷等非点源污染物的工程措施。城市通风走廊建设工程是改善大气环境质量的重要措施，"城市通风廊道"（即风道）源自德语的"ventilationsbahn"，由"ventilations"和"bahn"组成，分别是"通风"和"廊道"的意思。我国传统的城市规划实践中，很少提及这一概念，相近的说法有"通风走廊""绿色风廊""楔形绿地""绿色廊道"等，构建城市通风廊道是提升城市空气流通能力、缓解城市热岛、改善人体舒适度、降低建筑物能耗的有效措施，对局地气候环境的改善有着重要的作用。

绿色基础设施可进行城市雨洪管理。海绵城市指城市能够像海绵一样，在适应环境变化和应对雨水带来的自然灾害等方面具有良好的弹性，也可称为"水弹性城市"。城市能够像海绵一样，在适应环境变化和应对自然灾害等方面具有良好的"弹性"，国际通用术语为"低影响开发雨水系统构建"，下雨时吸水、蓄水、渗水、净水，需要时将蓄存的水释放出来并加以利用，实现雨水在城市中自由迁移，采用渗、滞、蓄、净、用、排等措施，将70%的降雨就地消纳和利用。

绿色基础设施可营建城市安全屏障。在城市规划区域边界的绿色基础设施是重要的绿色空间节点，通过与城市外围防护林带、高速绿化廊道、农田林网等斑块与廊道的连接，能够控制城区的无限蔓延，更为重要的是可以营建维护城市生态安全的蓝绿生态屏障。蓝绿生态屏障的价值在于为中心城区及外围郊区的生活空间和产业空间提供蓄水、气温调节、固碳释氧、吸尘、杀菌等重要功能：一亩[①]树林每天能吸收 67 kg 二氧化碳，释放 49 kg 氧气，一年可吸收灰尘 22 t 至 60 t；一亩松柏林，一昼夜能分泌出 2 kg 杀菌素，可杀死肺结核、伤寒、白喉、痢疾等病菌；一亩阔叶林，一年可蒸发 300 t 水；一亩防风林，可以保护约 0.067 km² 农田免受风灾；一亩树林比一亩无林地多蓄水 20 t。

2. 适应生态修复的绿色基础设施研究

生态修复是在生态学原理指导下，以生物修复为基础，结合各种物理修复、化学修复以及工程技术措施，通过优化组合，以达到最佳效果和最低耗费的一种综合性修复污染环境的方法。绿色基础设施体系中的斑块和廊道在当下实施的重要生态修复工程中起到了重要的载体作用，如长江岸线整治修复工程中大量重化

---

① 1 亩 = 666.67 m²。

产业斑块退出转换为生态斑块，提升与增加了生态斑块和生活斑块的临近度和关联度，同时兼顾干支流岸段的河道治理工程。土地整治以废弃矿山、污染企业退出用地、垃圾填埋场等为对象，通过人工修复和自然修复两种方式进行整治，如植被修复、动物修复、微生物修复、表层土壤重构、营养物覆盖方法等。重要湿地的保护修复工程，重在进行生境改造，解决生境单一、植被结构单一、土层发育不良等问题，以改善修复水土环境、水鸟生境为手段，达到保护湿地水质良好、植被群落结构丰富、集中连片分布的效果。生物多样性保护重大工程主要包括摸清城市化地区高等植物、脊椎动物、大型真菌等类群物种本底状况，构建生物多样性保护监管、空间分布数据库，建立鸟类、两栖动物、哺乳动物和蝴蝶为主要观测对象的样点，布设样线。

2.2.3　平衡发展与保护的绿色基础设施优化调控研究

在快速城市化过程中，社会经济发展和人类活动对绿色基础设施的影响十分强烈，城市绿色空间作为城市重要的生态空间，是改善城市生态环境和促进城市可持续发展的生态保障，城镇化发展促使城市建设用地向外低密度蔓延，使城市自然绿色基础设施和绿色空间不断被蚕食，城市生态环境遭到破坏。在此背景下，要高度重视社会经济发展和生态环境保护的平衡关系，在规划管理、城市有机更新、生态补偿、生态保护空间调整等方面建立调控机制。

（1）绿色基础设施建设全方位融入国土空间发展规划。通常从生态承载力、生态敏感重要性等方面入手，评价与规划空间开发建设规模、城市增长边界、空间格局、用地结构配置、生态安全格局、绿地和道路网络系统构建等，在确定国土空间发展目标、指标体系等方面设置绿色基础设施要素，如生态保护红线面积，永久基本农田保护，耕地、建设用地、城乡建设用地、林地和湿地面积，生态岸线保有率，中心城区道路网密度，公园绿地覆盖率，人均公园绿地面积，城区降雨就地消纳率等。利用各类绿地斑块建设完善城市应急避难空间，疏散通道，重点突出防灾结构体系的建设。加强城乡绿色建筑建设，推广绿色建筑，创建绿色生态示范城区，降低城市的综合碳排放，构建绿色低碳交通运输体系，鼓励公共交通、自行车等绿色交通出行。

（2）绿色基础设施建设与城市更新有机结合。城市更新是存量土地开发利用的重要方面，是完善绿色基础设施体系完整性的重要契机，其建设的过程就是自然与城市设施融合的过程。在这一过程中需要掌握调控的主动权，实现恢复、保护与开发的良好协调，平衡好绿色基础设施建设与城市更新的关系。在传统的工程实践中，通常对自然进行人工约束、破坏和限制，将其与设施完全隔离开来，但在绿色基础设施规划中,应当构建生态与技术高度统一的主动性规划设计方法,如人为引入或适当管控食物链、设计自然型活动场地、提高生物多样性等。另外,从总体布局入手,通过有机改造老旧城区的方式解决绿地不足的矛盾。在街道方面,要在统一绿化面积标准的基础上,根据实际情况统筹考虑,如干扰较为严重的绿地可以改造为广场,并通过廊道与其他斑块进行连通,以形成完整的绿化体系。

(3)构建绿色基础设施建设发展的生态补偿机制。在城市绿色基础设施建设过程中,土地的用地属性以及权属关系纷繁复杂,在现行的土地市场框架中,获取土地的方法灵活多变,常见的有土地置换、交易、协议转让、有偿征地等,需结合研究制定完善的补偿机制,确保在绿色基础设施建设完成后,同样可以使其原有生产活动不受影响。积极主动地制定土地获取政策为绿色基础设施建设排除障碍,考虑给予从事山林、水体等资源保护和生态修复的主体一定的补贴或奖励,激励更多的人支持绿色基础设施建设,从而推进环境保护治理工程的实施。

(4)合理调整生态保护空间。土地开发建设与生态保护红线区存在三个突出的问题:一是在生态保护红线区内存在"开天窗"式的建设用地;二是生态保护红线区"贴线式"开发影响生态保护红线的功能发挥;三是生态保护红线与基本农田用地重叠。绿色基础设施建设与社会经济发展两者共同促进城市三生空间体系的建设,彼此之间存在较强的关联与共性,相辅相成,相互成就,共同助力城市的建设。生态保护红线区对城市空间拓展内涵式发展和外延发展既有约束作用又有引导效应,绿色基础设施体系中的斑块、廊道及生态网络是城市工矿用地、住宅用地、休闲旅游用地的开发建设规模、强度、布局的基础载体,通过绿色基础设施构建,城市生态环境得以可持续发展,公共空间也将具有更多的复合型功能,从而形成宜居宜业的人居环境。因此合理调整生态保护空间,既要保障生态保护红线范围、性质、功能不改变,又要满足城市绿色基础设施建设需要,为平衡发展与保护的关系提供决策依据。

2.3　新时期绿色基础设施研究架构趋向

随着绿色基础设施功能与作用被广泛且深刻地认知,绿色基础设施研究必将发生明显转向。学界关注的重点从已有的生态系统服务,向社会、文化、环境等复合功能的多元视角转变(李凯等,2021);从已有的生态系统服务供给角度,向统筹城市生态安全需求与生态系统服务供给相结合的视角转变(吴晓和周忠学,2019);多学科交叉互动的研究思路与方法将会有新的突破。但目前围绕绿色基础设施的研究中,将服务多元化、供需系统融合纳入统一的框架和进行定量化的研究仍偏少（刘维等，2021）。对国内外绿色基础设施研究特征和前沿分析，可为新时期绿色基础设施研究架构的发展提供启示。

2.3.1　研究发展现状

（1）绿色基础设施研究从最早的助力生态环境保护，到通过规划、建设、管理等手段提高绿色基础设施的功能与价值，再到成为城市可持续发展不可或缺的重要内容。21 世纪以来绿色基础设施研究在广度与深度上更加贴近我国国情，运用海绵城市、生态城市、森林城市、韧性城市等理念、方法及管控机制，研究城镇化、工业化快速发展引发的自然、经济、社会生态问题；遵循"格局—过程—服务—优化"的研究主线，从研究单一问题向多层次、多方面、多尺度综合研究转变。目前国内研究多借鉴国外的理论和方法，进行多层次、多方面、多尺度的实践研究，但对理论的探讨与创新重视不够，尤其是适应中国城市发展的绿色基础设施理论与建设规划原则研究还较薄弱。

（2）绿色基础设施研究逐步丰富，其发文量不断增加，发达国家（地区）研究范围较为广泛且研究体系相对完善。国内研究文献中，发表在顶级或权威类期刊的数量不多，文章质量一般的居多，自然与人文科学领域的硕博论文近年有增多的倾向，普遍重视研究不同城市绿色基础设施生态服务功能的评价与应用，多使用相关学科交叉研究思路和方法，研究多为机构内部合作，跨机构合作较少，与国外学者的合作则更少，研究团队多分散在各大高校，形成以教授（研究员）、副教授（副研究员）为主，研究生为骨干的院系内部合作方式，缺少院系间、学校间的深度合作，难以形成合力。

（3）绿色基础设施的基础和应用基础研究近年在国家层面得到重视，但国家自然科学基金资助项目以及地方政府关注项目总体依然偏少，并且集中于生态系统服务功能对城市生态建设的应用，在国土空间规划、经济社会发展规划等重大规划中往往采用绿色空间、绿地系统或开敞空间等代替绿色基础设施，甚至将绿色基础设施概念简单照搬到市政、供水等基础设施上。

2.3.2　研究架构发展趋向

（1）理论与实践研究并重。从我国城市发展特征、资源利用方式、运行体制机制、地方传统风情出发，在景观生态学基础上，融合地理学、城乡规划学、管理学、经济学、社会学等学科，推进绿色基础设施经济、社会、文化等多视角的研究合作，强化绿色基础设施发展内生动力、公私合作模式、管理机制等多方面的研究，构建适应美丽中国建设、契合中国新型城镇化需求的绿色基础设施研究体系，建设满足未来城市发展和居民切实需求的绿色基础设施网络，深化理论和方法的复合化尺度综合研究与创新性应用。

（2）强化国内外协同创新研究。借鉴国际科研合作机制，以高校、科研机构为核心，开展绿色基础设施的协同创新合作，探索新时期绿色基础设施建设实践需求及国内外研究热点趋向，推进绿色基础设施与城市建设协同发展的新机制与新模式研究。同时，推动与国际上在这一领域有显著影响力的学者或机构的合作，形成我国绿色基础设施研究核心团队，提升国内绿色基础设施领域的研究水平和影响力，产生更多原创性、颠覆性、实用性成果。

（3）将典型示范融入应用研究。加强绿色基础设施网络体系服务地方规划与城市建设为主的应用研究是当前践行生态文明重要的发展方向。加大国家、地方政府等层面的财力、物力投入，依托国家、区域、流域、省级重大战略和规划，深入开展绿色基础设施专项建设，打造绿色基础设施典型示范工程并发挥其引领带动效应，推动绿色基础设施在各类规划中广泛、科学应用，提升其公众认知和社会影响力，进一步拓宽应用领域。

第3章 生态文明建设与绿色基础设施应用

　　绿色低碳循环发展是生态文明理念的基本内涵，也是实现生态文明的主要途径。建设绿色基础设施是城市生态文明建设的重要组成部分，在多种规划中被广泛提及，并在区域、产业和社会多个层面被实践应用，政府推动、市场驱动和公众参与机制的建立与完善为其提供了重要制度保障。

3.1　生态文明建设的绿色基础设施内涵与响应

3.1.1　生态文明建设的绿色基础设施内涵

　　党的十八大首次把生态文明建设放在突出地位，形成以经济建设、政治建设、文化建设、社会建设、生态文明建设统筹推进为方向的"五位一体"总体格局，提出"建设生态文明，是关系人民福祉、关乎民族未来的长远大计"[①]。在资源约束趋紧、环境污染严重、生态系统退化的背景下，生态文明建设成为建设美丽中国，实现中华民族永续发展的必然选择。

　　生态文明建设最基本的问题是人与自然的关系问题。党的二十大报告指出，"尊重自然、顺应自然、保护自然，是全面建设社会主义现代化国家的内在要求。必须牢固树立和践行绿水青山就是金山银山的理念，站在人与自然和谐共生的高度谋划发展"[②]。人与自然环境是相互影响、相互制约、相互发展的共生共存的生命共同体。生态文明建设最大的挑战是解决经济发展与环境保护的关系。习近平总书记提出"发展经济不能对资源和生态环境竭泽而渔，生态环境保护也不是舍弃经济发展而缘木求鱼"[③]，"两山论"就是对经济发展与环境保护辩证关系的最好注解。同时，系统性思维是生态文明建设的根本遵循，山水林田湖草沙一体化保护和修复是系统性思维的重要体现，良好生态环境是最公平的公共产品，是最

[①] 《胡锦涛在中国共产党第十八次全国代表大会上的报告》，http://www.gov.cn/ldhd/2012-11/17/content_2268826_5.htm [2023-03-12]。

[②] 《习近平：高举中国特色社会主义伟大旗帜 为全面建设社会主义现代化国家而团结奋斗——在中国共产党第二十次全国代表大会上的报告》，http://www.gov.cn/xinwen/2022-10/25/content_5721685.htm[2023-03-12]。

[③] 《习近平：发展经济不能竭泽而渔，生态环境保护不能缘木求鱼》，http://www.gov.cn/xinwen/2022-01/17/content_5668933.htm[2023-03-12]。

普惠的民生福祉，因此生态文明建设需要共建共享。

我国在工业化城镇化快速发展阶段同步推进生态文明建设，其突破口在于优化国土空间开发格局、促进产业结构优化升级、加快生产方式转变和消费模式转型。首先，空间开发失衡、区域发展不协调是造成我国生态环境恶化的重要根源，推进生态文明建设，要先在优化国土空间开发格局上取得突破。国土空间规划是我国在市场经济尚不成熟、法制环境有待完善的背景下，为促进要素流动与优化配置、生态环境可持续发展和适应经济、社会、生态环境发展与人的发展相协调所实施的规划手段。其次，产业结构作为联系经济活动与生态环境之间的重要纽带，不仅是"资源配置器"，更是环境消耗和污染物产生的"控制体"，产业结构调整优化是我国工业化进程中大力推进生态文明建设的关键切入点。再次，对高消耗、高排放的工业化生产方式进行生态化改造，形成"低消耗、少污染、可循环"的生态化生产方式，是生态文明形成和发展的物质技术基础。最后，消费模式生态化转型是走向生态文明的最终支撑。

2015 年，国务院出台了《生态文明体制改革总体方案》，提出生态文明体制改革的目标是构建由"自然资源资产产权制度、国土空间开发保护制度、空间规划体系、资源总量管理和全面节约制度、资源有偿使用和生态补偿制度、环境治理体系、环境治理和生态保护市场体系、生态文明绩效评价考核和责任追究制度等八项制度构成的产权清晰、多元参与、激励约束并重、系统完整的生态文明制度体系"，首次从国家层面规划未来生态文明建设蓝图。生态文明领域统筹协调机制逐渐完善，生态治理理念越来越趋于系统性和整体性，注重生态系统的整体性和治理方式的多样性。同年，《三江源国家公园体制试点方案》的审议通过标志着国家公园体制试点工作的开始，2017 年国务院印发了《建立国家公园体制总体方案》，要求建成统一规范高效的中国特色国家公园体制，交叉重叠、多头管理的碎片化问题得到有效解决，国家重要自然生态系统原真性、完整性得到有效保护，形成自然生态系统保护的新体制新模式，促进生态环境治理体系和治理能力现代化，保障国家生态安全，实现人与自然和谐共生。2016 年，国家启动山水林田湖草生态保护修复试点工程，推动整体保护、系统修复、综合治理。2020 年自然资源部办公厅、财政部办公厅和生态环境部办公厅印发《山水林田湖草生态保护修复工程指南（试行）》，指导和规范各地山水林田湖草生态保护修复工程实施。生态工程类型从原本的森林、草原等单一生态系统工程转变为区域综合性治理工程。

城市绿色基础设施建设是城市生态文明建设的重要组成部分，对促进与推动城市生态文明建设起着重要作用。首先，城市绿色基础设施可以优化城市国土空间开发格局，促进城市绿色转型。作为一项重要的城市基础设施，绿色基础设施与交通基础设施、经济建设规划、产业规划等公共政策协同调整城市的空间结构。城市绿色基础设施还能够促进低能耗的服务业发展，提升城市形象，从而吸引投资，促进城市产业绿色转型。其次，城市绿色基础设施可促进大气、水体等的好转，缓解城市化造成的环境恶化与污染，修复城市生态环境，提高城市居民的福祉。最后，绿色基础设施使得生态孤岛连成生态网络，可以维护生态平衡与生物种群，提高生物多样性。同时，通过生态环境的改善可以带动美丽城市空间建设。

3.1.2 绿色低碳循环发展的绿色基础设施响应

党的二十大报告中指出，"坚持绿水青山就是金山银山的理念，坚持山水林田湖草沙一体化保护和系统治理，全方位、全地域、全过程加强生态环境保护，生态文明制度体系更加健全，污染防治攻坚向纵深推进，绿色、循环、低碳发展迈出坚实步伐，生态环境保护发生历史性、转折性、全局性变化，我们的祖国天更蓝、山更绿、水更清"[①]。绿色发展、低碳发展与循环发展是高质量发展背景下新的经济发展方式和生态建设模式，而绿色基础设施作为战略性的绿色空间网络为实现绿色、低碳与循环发展提供重要支撑。

绿色发展是建立在生态环境容量和资源承载力的约束条件下，将环境保护作为实现可持续发展重要支柱的新发展模式。同土地、劳动力和资本一样，资源与生态环境都是重要的生产要素。绿色发展要求不能仅仅关注数量的增长，更要注重质量的提升，在发展中要考虑自然资本的消耗和增值机会。生态保护与建设是绿色发展的重要内容：一方面，生态保护与建设能合理利用资源，降低发展中的环境成本，减少对生态系统的破坏；另一方面，生态保护与建设能通过规划、政策及市场等多种手段，实现资源与生态环境外部收益内部化，激发社会力量共同参与生态建设。因此，绿色基础设施为绿色发展提供支撑，其建设可以修复生态系统，提高生态系统服务价值。

低碳发展是为应对全球气候变化带来的严峻挑战而产生的。低碳发展的目的是在发展经济与改善民生的同时，有效控制温室气体排放，妥善应对气候变化。减排与增汇是低碳发展的重要手段。减排是在经济发展中减少温室气体的排放，通过发展以低碳排放为体征的产业体系，强化交通、建筑、能源等传统高耗能产业的低碳化，优化能源结构，建设低碳清洁能源保障体系，加快低碳技术的科技创新等方法，对温室气体排放进行约束。增汇是在生态建设中增加生态系统对温室气体的吸收，通过生态保护与建设，提升森林等碳汇能力，构建城市碳汇体系

---

① 《高举中国特色社会主义伟大旗帜 为全面建设社会主义现代化国家而团结奋斗——在中国共产党第二十次全国代表大会上的报告》，https://www.gov.cn/xinwen/2022-10/25/content_5721685.htm [2023-07-10]。

等手段，强化生态系统的固碳能力。绿色基础设施既能在经济发展中提高城市减排能力，又能在生态建设中强化城市固碳能力。例如，绿色屋顶（green roof）可为建筑业减排提供路径，城市公园的建设可以提高城市碳汇能力。

循环发展是以"减量化（reduce）、再利用（reuse）、资源化（recycle）"为原则，提倡资源高效利用和循环利用的发展方式。按照自然生态系统物质循环和能量流动规律重构社会经济系统，把工业文明以来形成的主流"资源—产品—废物"的线性生产方式转变为"资源—产品—再生资源"的反馈式生产流程，将社会经济系统和谐地纳入自然生态系统的物质循环的过程。循环发展通过资源的高效循环利用和能量梯级利用，实现污染的低排放甚至零排放，从而实现社会、经济与环境的可持续发展。绿色基础设施可以通过增加环境容量、净化污染物等过程参与废物再生与资源循环利用，从而减少废弃物排放、提高资源能源综合利用效率。

绿色发展是导向性的发展，具体以循环、低碳等发展方式实践。循环发展通过形成资源能源节约和环境友好的模式促进经济发展，低碳发展聚焦经济发展与气候变化的双赢。虽然三个概念各有侧重，但绿色发展、低碳发展与循环发展旨在实现经济发展与生态环境相协调。绿色基础设施建设是为人地协调而做出的努力，因此，绿色发展、低碳发展与循环发展对其研究起到重要的支撑作用。在绿色发展、低碳发展和循环发展导向下，以建设海绵城市、低碳城市、森林城市等为目标，我国大力推进城市生态环境修复和建设，绿色基础设施在其中起到重要的作用。比如，2014 年国家发展和改革委员会印发《国家应对气候变化规划（2014—2020 年）》，指出了我国应对气候变化工作的指导思想、目标要求、政策导向、重点任务及保障措施，将减缓和适应气候变化要求融入经济社会发展各方面和全过程，加快构建中国特色的绿色低碳发展模式。2015 年国务院办公厅发布《关于推进海绵城市建设的指导意见》，指出要推广海绵型公园和绿地，加强对城市坑塘、河湖、湿地等水体自然形态的保护和恢复，恢复和保持河湖水系的自然连通，推进公园绿地建设和自然生态修复。

3.2　绿色基础设施在相关规划中的应用

改革开放以来，随着环境污染和生态破坏问题日益凸显，对绿色基础设施的认知在学界和政界逐步深化。尤其 21 世纪以来，各项规划开始重视生态空间和绿色基础设施要素的应用，包括多尺度区域经济发展规划、主体功能区规划、城市总体规划、国土空间规划、生态环境规划等，呈现出具体、渗透、交叉、融入的趋势。

3.2.1　绿色基础设施保护重要性与发展规划的融合

1. 主体功能区规划

2006 年,《中华人民共和国国民经济和社会发展第十一个五年规划纲要》首次提出"推进形成主体功能区"的要求,根据资源环境承载能力、现有开发密度和发展潜力,实施主体功能区规划。为明确推进形成主体功能区的基本方向和主要任务,国务院印发了《关于编制全国主体功能区规划的意见》,启动了全国主体功能区规划的编制工作。全国主体功能区规划是战略性、基础性、约束性的规划,是国民经济和社会发展总体规划、人口规划、区域规划、城市规划、土地利用规划、环境保护规划、生态建设规划、流域综合规划、水资源综合规划、海洋功能区划、海域使用规划、粮食生产规划、交通规划、防灾减灾规划等在空间开发和布局方面的基本依据。绿色基础设施要素在主体功能区中主要表征自然生态状况、水土资源承载能力、生态区位特征等的重要性程度,其与现有开发密度、经济结构特征、人口聚集程度密切关联。全国主体功能区将国土空间划分为优化开发、重点开发、限制开发和禁止开发四类,限制开发区和禁止开发区的划分主要取决于绿色基础设施斑块、廊道服务功能的规模、强度和布局,对资源开发和经济发展有比较明显的限制和约束作用。优化开发区与重点开发区也受到绿色基础设施承载能力、服务功能的约束,但发展空间具有一定的潜力。实施主体功能区战略、推进主体功能区建设,是党中央、国务院贯彻落实党的十八大精神做出的重要战略部署,是引导资源环境要素按照主体功能区优化配置,构建科学合理的城市化格局、农业发展格局和生态安全格局,促进城乡、区域以及人口、经济资源环境协调发展的战略。

支持优化开发区域,率先转变经济发展方式,推动产业结构向高端、高效、高附加值转变,引导城市集约紧凑、绿色低碳发展,提高资源集约利用水平,提升参与全球分工与竞争的能力。严格控制开发强度,控制城市建成区蔓延扩张、工业遍地开花和开发区过度分散布局,按照工业集中、产业集聚、用地集约的要求,引导开发区向城市功能区转型。确保"菜篮子"工程城郊农业用地不被占用,加大节能减排的监管力度,强化单位 GDP 能耗和二氧化碳排放等指标的约束作用,减少资源消耗和环境破坏,提高经济增长的效率和效益,加快完善城镇污水、垃圾处理等环境基础设施,提升城市综合适应能力。

促进重点开发区域加快新型工业化城镇化进程,在优化结构、提高效益、降低消耗、保护环境的基础上,支持重点开发区域优化发展环境,增强产业配套能力,加快形成现代产业体系,促进产业和人口集聚,推进新型工业化和城镇化进程。政府投资侧重于改善基础设施和对产业结构调整的引导，鼓励发展战略性新兴产业、高新技术产业，支持产业振兴和技术改造，引导各类要素向重点行业、重点领域集聚，增强产业配套能力。支持国家优化开发区域和重点开发区域开展产业转移对接，合理控制开发强度，避免盲目开发、无序开发。鼓励按照产城融合、循环经济和低碳经济的要求改造开发区，限制大规模、单一工业园区的布局模式，支持开展园区循环化改造以及低碳园区、低碳城市和低碳社区建设，防止工业、生活污染向限制开发、禁止开发区域扩散。

支持农产品主产区加快发展现代农业，提高粮食综合生产能力，建设田间设施齐备、服务体系健全、集中连片的商品粮基地。大力推进畜牧、水产的标准化规模养殖。推进农业结构和种植制度调整，加强适应技术研发推广，增强农业适应气候变化能力。控制城镇和开发区扩张对耕地的过多占用，控制农产品主产区开发强度。围绕农产品主产区的县城和重点镇，强化基础设施和公共服务设施建设，引导人口和产业集聚。

增强重点生态功能区生态服务功能，实施好天然林、生态公益林等资源保护，推进荒漠化、石漠化、水土流失综合治理，扩大森林、湖泊、湿地面积，保护生物多样性。实行更加严格的产业准入环境标准和碳排放标准，在不损害生态系统功能的前提下，鼓励因地制宜地发展旅游、农林牧产品生产和加工、观光休闲农业等产业。对不符合主体功能定位的现有产业，通过设备折旧补贴、设备贷款担保、迁移补贴、土地置换、关停补偿等手段，进行跨区域转移或实施关闭。严格控制开发强度，城镇建设和工业开发要集中布局、点状开发，控制各类开发区的数量和规模，支持已有工业开发区改造成为"零污染"的生态型工业区。鼓励与重点开发区域共建共办开发区，积极发展"飞地经济"。

加强禁止开发区域监管，依据法律法规和相关规划实施强制性保护，严格控制人为因素对自然生态和文化自然遗产原真性、完整性的干扰，加强对有代表性的自然生态系统、珍稀濒危野生动植物物种、有特殊价值的自然遗迹和文化遗址等自然文化资源的保护。严禁开展不符合主体功能定位的各类开发活动，引导人口逐步有序转移，实现污染物"零排放"，提高环境质量。在不损害主体功能的前提下，允许保持适度的旅游和农牧业等活动，支持在旅游、林业等领域推行循环型生产方式。从保护生态出发，除文化自然遗产保护、森林草原防火、应急救援和必要的旅游基础设施外，严格控制基础设施建设。新建铁路、公路等交通基础设施，严格执行环境影响评价，严禁穿越自然保护区核心区，避免对重要自然景观和生态系统的分割。加强国家级自然保护区、国家森林公园等禁止开发区域的自然生态系统保护和修复，不断提高保护和管理能力。

2. 国民经济和社会发展规划

国民经济和社会发展规划是全国或者某一地区经济、社会发展的总体纲要，是具有战略意义的指导性文件。各层级的国民经济和社会发展规划对山水林田湖草生态保护和修复，森林、公园、绿地等绿色基础设施建设提出不同层面的要求。《中华人民共和国国民经济和社会发展第十四个五年规划和 2035 年远景目标纲要》中明确提出坚持绿水青山就是金山银山理念，坚持尊重自然、顺应自然、保护自然，坚持节约优先、保护优先、自然恢复为主，实施可持续发展战略，完善生态文明领域统筹协调机制，构建生态文明体系，推动经济社会发展全面绿色转型，建设美丽中国。绿色基础设施建设是构建生态文明体系的重要基础。

《江苏省国民经济和社会发展第十四个五年规划和二〇三五年远景目标纲要》中明确提出要营造城市宜居环境。大力实施城市"增绿添园"，优化公园、绿廊、居住区和单位绿化等绿地生态系统，完善城市"公园绿地 10 分钟服务圈"和城市林荫系统，增强绿地建设品质及综合服务功能，推进生态园林城市建设。系统推进海绵城市建设，提升内涝治理能力和水平。通过各类绿色基础设施建设提升城乡生态环境、改善人居环境，实现生态发展的战略安排。绿色基础设施建设成为实现目标的重要抓手。

《南京市国民经济和社会发展第十四个五年规划和二〇三五年远景目标纲要》中明确提出：推进山水林田湖草生态保护和修复，科学划定并严格管控生态保护红线和生态空间管控区域，加强自然保护区，森林公园、地质公园、湿地公园等自然公园，饮用水源保护区、种质资源保护区等重点生态地区建设，着力构建自然保护地体系，守住自然生态安全边界。稳固"一带两片、两环六楔"的市域生态骨架，构建秦淮河、滁河水系廊道及高速公路沿线绿化防护生态廊道，加快矿山宕口生态修复和植被恢复。开展国土绿化行动，提升生态系统碳汇能力。推进"绿色银行"行动，以全域生态大贯通促进城市空间与生态空间融合共生。到 2025 年，自然湿地保护率保持在 68.6%，林木覆盖率保持在 31.6%。这一文件对南京市绿色基础设施建设提出了明确的要求，从数量增加、质量提升、网络构建等多个维度具体明确了绿色基础设施的建设内容与方向。

国家层面的国民经济与发展规划主要从宏观层面指导下级区域进行绿色转型，构建生态文明理念；省级层面主要是通过具体推进目标指导市级国民经济与发展规划，如"营造城市宜居环境""推进海绵城市建设"等；市级层面主要是将省级目标结合城市发展实际落实到空间尺度。在此过程中，各层级的国民经济和社会发展规划形成"理念—目标—落地"的绿色基础设施规划与建设蓝图。

3.2.2 绿色基础设施建设与城市相关规划的衔接

1. 城市建设规划与指导意见

有关城市建设的规划与指导意见对绿色基础设施建设与发展提出了要求。比如，2016 年，中共中央、国务院发布《关于进一步加强城市规划建设管理工作的若干意见》提出"营造城市宜居环境""推进海绵城市建设""恢复城市自然生态""优化城市绿地布局，构建绿道系统，实现城市内外绿地连接贯通，将生态要素引入市区""鼓励发展屋顶绿化、立体绿化。进一步提高城市人均公园绿地面积和城市建成区绿地率"。此外，《国家新型城镇化规划（2021—2035 年）》和《"十四五"新型城镇化实施方案》是国家层面城市建设重要的指导规划，城市建设要加强生态修复和环境保护，落实"三线一单"，持续开展国土绿化，因地制宜建设城市绿色廊道，打造街心绿地、湿地和郊野公园，提高城市生态系统服务功能和自维持能力。其从国家层面对城市建设提出要求并指导下级政府的工作。例如，2021 年，江苏省人民政府办公厅印发《江苏省"十四五"新型城镇化规划》，提出城市建成区绿化覆盖率到 2025 年要超过 40%，扎实推进生态园林城市建设，优化实施城市"增绿添园"，合理布局绿廊、绿环等结构性绿地，织补拓展中小型绿地，增强绿地建设品质和综合服务功能。

2. 城市总体规划

我国古人对人地关系的哲学理念是"天人合一"，近现代时期人地系统和谐的理论在城市总体规划中得到认同和应用。城市总体规划没有国家和省级层面的规划，以南京城市规划为例，东吴建业城是南京都城规划之源，都城位于鸡笼山之南，东凭钟山，西连石头城，北依后湖，南近秦淮，城周 20 里 19 步。都城形制虽受周礼影响，但融合山丘环抱，河湖萦绕散布的地形，表现出礼制规划与因地筑城的巧妙结合，这是南京关于绿色基础设施规划最初的实践。明代的南京，首次成为一个大一统国家的都城，宫城—皇城—都城—外郭四重城郭，有十六个城门，利用外秦淮河和玄武湖等水面作为宽窄不一的生态廊道，廊道和山体斑块的组合彰显生态效益。1927 年的《首都计划》为南京城市空间格局打开了现代城市规划理念的大门，以中山东路、中山南路、中山北路等道路廊道为主骨架的空间格局延续至今未遭到任何破坏，玄武湖、内外秦淮河和山丘、岗地有序排列的空间秩序得到有效保护。

城市总体规划是指城市人民政府依据国民经济和社会发展规划以及当地实际，为确定城市的规模和发展方向，实现城市的经济和社会发展目标，合理利用城市土地，协调城市空间布局等所作的一定期限内的综合部署和具体安排。城市总体规划是政府调控城市空间资源的重要公共政策之一。通过经济发展背景、产业发展和用地条件的综合分析，进行空间结构、功能区组织、交通道路系统、景观生态系统、战略节点、预留弹性、超前配置等城市规划技术分析，引导城市新城新区发展。在经济全球化、市场原则主导快速发展的背景下，城市发展越来越具有活力，刺激城市的旧城重建、近郊蔓延和新城开发。20 世纪 90 年代随着可持续发展战略的推进，生态保护、污染控制与绿色基础设施的关系日益受到重视。20 世纪 90 年代中期，南京等很多大城市在编制和修改城市总体规划进程中开始融入生态用地、生态空间、生态防护网架等概念与对策措施。21 世纪以来，国家出台了《城市规划编制办法》等导向性的政策，使绿色基础设施要素以不同内涵与方法进一步融入城市总体规划。

改革开放后，南京市先后开展了三轮四版城市总体规划，为城乡空间的有序发展奠定了坚实基础。《南京市城市总体规划（1981—2000 年）》是 1949 年后南京第一部得到国家正式批准的、具有法律效力的城市总体规划，其目标是把南京建设成为文明、洁净、美丽的园林化城市。《南京市城市总体规划（1991 年～2010 年）》以区域协调发展的视野，在都市圈范围内思考解决南京的保护（控制）与发展问题，充分体现了山、水、城、林相融的城市环境特色，为绿色基础设施规划建设奠定良好基础。《南京市城市总体规划（2007—2030）》明确提出要建立以资源、产业、环境、生态、人居为主要构成要素的生态环境保护与建设体系，将全市划为"4 区、12 片、55 源"的生态空间体系。2016 年，国务院批复了《南京市城市总体规划（2011—2020）》，明确形成"多心开敞、轴向组团、拥江发展"的现代都市区空间格局和"一带两廊四环六楔十四射"绿地开敞空间结构，把南京建设成为经济发达、环境优美、融古都风貌与现代文明于一体的江滨城市。2017 年 12 月《南京市城市总体规划（2018—2035）》草案围绕"创新名城、美丽古都"的目标愿景，从区域、空间、产业、文化、品质等方面谋划了南京的城市发展战略；科学划定生态保护红线、永久基本农田与城镇开发边界；坚持全域统筹，明确了"南北田园、中部都市、拥江发展、城乡融合"的市域空间格局；从倚重江南的"秦淮河时代"迈向拥江发展的"扬子江时代"，将长江南京段建设成为绿色生态带、转型发展带和人文景观带。这个草案立足生态，构建了集约发展的理想城市空间，有效指导了南京的社会经济发展和城市规划建设，对全市绿色基础设施建设发挥了重要引领作用。

3. 城市绿地与绿道规划

城市绿地与绿道规划是推动形成绿色发展方式和生活方式、建设美丽中国的重要内容，作为城市生态系统的重要组成，城市绿地、绿道与城市产业生产、居民生活、道路建设等密切相关（Zhao et al.，2021）。为推动生态文明建设，改善城市人居环境日益受到重视。2019 年，《城市绿地规划标准》开始实施，《城市绿地规划标准》指出建设市域绿地系统布局应突出系统性、完整性与连续性，应尊重自然地理特征和生态本底，构建"基质—斑块—廊道"的绿地生态网络；城区绿地系统应布局组团隔离绿带和通风廊道，构建公园体系，布置防护绿地，优化城市空间结构，与市域绿色生态空间有机贯通。

2016 年，江苏省人民政府办公厅发布《关于加强风景名胜区保护和城市园林绿化工作的意见》，提出"优化城市绿地系统布局"，通过"划定城市增长边界，留足生态空间"，"预留通风廊道和生态廊道，合理布局绿心、绿楔、绿环、绿廊等结构性绿地，强化城市绿地与城市外围山水林田湖等各类生态空间的衔接，将自然要素引入城市，构建城乡一体、内外有机联系的绿地生态系统"；"提升城市绿地系统的海绵效应"，"加强河湖水系自然连通，推进水网、路网、绿网有机融合"；"构建城市绿道系统"；"依托道路绿化、滨水绿化和防护绿化等线性绿地，有机串联城市公园绿地、休闲空间、开放空间和文化、健身等场所，构建衔接城市公共交通和慢行系统、融合自然资源、历史资源和特色要素的城市绿道系统，满足居民亲近自然、游憩健身、绿色出行需要"。2021 年，江苏省住房和城乡建设厅印发《江苏省"十四五"城市园林绿化规划（2021—2025)》，提出要持续提升城市绿地生态功能，大力推进城市绿色生态资源保护，着力提升园林绿化增汇减排水平，系统发挥城市园林绿化海绵效益；此外，要塑造高品质绿色开放空间，持续提升公园绿地覆盖和开放水平，全面完善公园绿地功能和品质，积极推进城市绿道、林荫系统建设。绿色基础设施在为城市绿地与绿道网络建设提供支撑。

根据生态市建设的总体要求，《南京市绿地系统规划（2013—2020)》将中心城区构建为"一区凝聚绿心、一江襟带南北、两环延续格局、五轴串联副城、十片凸显特色"、副城形成"一带两园三廊七线"的绿地系统结构，以及沿长江、水系、历史遗迹遗址形成"一区两带三廊六园"的绿地系统结构。2013~2015 年，加强滨水绿地和交通绿廊建设，基本形成南京市域生态绿地网架；注重新区的公园绿地建设，增加社区公园和街头绿地，提升老城绿化建设水平；明确划定各类绿地控制范围线（即绿线）并实施严格保护，稳步提高绿地建设水平。2016~2020 年，继续加强生态绿地保护与建设，提高城镇绿化建设水平，基本形成与区域生态系统相协调，与"多心开敞、轴向组团、拥江发展"的现代都市区空间新格局有机融合，充分体现南京"山水城林"融于一体的城市空间特色，系统结构基本合理、生态功能趋于稳定、绿地功能多元协调的城乡一体的高品质绿地系统。

按照建设健康中国和美丽中国的要求，《南京市绿道详细规划（2020—2035 年)》助推人民满意的"社会主义现代化典范城市"建设，契合南京"中部田园都市、南北都市田园"的城乡空间格局，厚植城市生态人文环境，以市区级结构性绿道为主线，锚固"一带、两片、两环、六楔"的市域生态骨架，提升市民宜居生活品质，以社区级绿道为媒介，将绿道延伸至老百姓家门口，塑造"出门有林荫，归途伴花香"的绿道场景。市域绿道规划结构依托南京山水自然资源和历史文化资源，以江为轴，以河为脉，以墙显胜，以郭定城，以绿连郊，以路串园，在市域形成江南江北相对独立、环带相接、串点连景的两个绿道结构。江南绿道结构为"一江三环，四廊衔一网"；江北绿道规划结构为"一江两环，两廊衔一网"。通过三级绿道的布局，在全市织就山河境相映、蓝绿脉交织、人与自然共融的绿色网络，构筑美丽绿道场景。

3.2.3　绿色基础设施在国土空间规划中的体现

国土空间规划是国家空间发展的指南、可持续发展的空间蓝图，是各类开发保护建设活动的基本依据。将主体功能区规划、土地利用规划、城乡规划等空间规划融合为统一的国土空间规划可以起到支撑城镇化快速发展、促进国土空间合理利用和有效保护的重要作用。2019 年，中共中央、国务院《关于建立国土空间规划体系并监督实施的若干意见》指出到 2035 年"基本形成生产空间集约高效、生活空间宜居适度、生态空间山清水秀，安全和谐、富有竞争力和可持续发展的国土空间格局"。绿色基础设施对提高"三生"空间的可持续性起到重要的支撑作用。

国土空间规划是一定时期内省域、市域、县域国土空间保护、开发、利用、修复的政策总纲，具有战略性、协调性、综合性和约束性。以生态优先、绿色发展、以人民为中心、高质量发展、区域协调、融合发展、因地制宜、特色发展、共建共治、共享发展为规划原则，规划范围为全部陆域和管辖海域的国土空间。主要任务是通过资源环境承载能力和国土空间开发适宜性评价，分析区域资源环境禀赋特点，识别重要生态系统，明确生态功能极重要和极脆弱区域，提出农业生产、城镇发展的承载规模和适宜空间，从数量、质量、布局、结构、效率等方面，评估国土空间开发保护现状、问题和风险挑战，结合城镇化发展、人口分布、经济发展、科技进步、气候变化等趋势，研判国土空间开发利用需求；在生态保护、资源利用、自然灾害、国土安全等方面识别可能面临的风险，并开展情景模拟分析。按照空间发展的总体定位和开发保护目标，立足资源环境禀赋和经济社会发展需求，针对突出问题，制定开发保护战略，形成主体功能约束有效、科学适度有序的国土空间布局体系。

绿色基础设施要素与国土空间开发、保护格局紧密关联，主要体现在按照"山水林田湖草"系统一体化治理的方略，以保护优先和保护促发展的原则统筹确定主体功能定位、划分政策单元，确定协调引导要求，明确管控导向。依据重要生态系统识别结果，维持自然地貌特征，保护与修复流域水系网络的系统性和连通性，构建生态屏障、生态廊道生态系统保护和生物多样性保护网络，合理预留基础设施廊道。在农业土地利用方面，要严格落实耕地和永久基本农田保护任务，确保数量不减少、质量不降低、生态有改善、布局有优化，按照乡村振兴战略和城乡融合发展战略要求，优化城乡居民点布局，对农村建设用地进行总量控制。在国土空间格局网络建设方面，要综合考虑经济社会产业发展、人口分布等因素，确定城镇体系的等级和规模结构、职能分工，提出城市群、都市圈、城镇圈等区域协调重点地区，为战略性新兴产业预留发展空间，形成多中心、网络化集约型、开放式空间格局。以重要自然资源、历史文化资源等要素为基础，以区域综合交通和区域基础设施网络为骨架，以重点城镇和综合交通枢纽为节点，促进生态空间、农业空间和城镇空间的有机互动，加强产城融合，完善产业集群布局，实现人口、资源、经济等要素优化配置，促进国土空间网络化发展。

2017年国务院印发《全国国土规划纲要（2016—2030年）》，提出"大力推进生态文明建设"，构建"安全和谐的生态环境保护格局"。以恢复和保障城市生态用地为重点，强化城市园林绿地系统建设。通过规划建设绿心、绿楔、绿带、绿廊等结构性绿地，加强城乡生态系统之间的连接。绿色基础设施对完善城市结构性绿地、构建区域生态安全格局起到重要作用。

2021年，江苏省自然资源厅发布《江苏省国土空间规划（2021—2035年）》公开征求意见稿，指出江苏省要塑造湖美水清的生态空间，塑造太湖丘陵、江淮湖群生态绿心，重点保护沿江、洪泽湖-淮河入海水道生态涵养带，维护沿海生态屏障、西部丘陵湖荡生态屏障安全，加强沿京杭大运河等主要生态廊道建设和保护，提升碳汇能力，提供更多优质生态产品和生态景观，对打造"绿心镶嵌、廊道交织、屏障绵延"的生态空间格局起到重要支撑。

2022年10月，《南京市国土空间总体规划（2021—2035年）》草案发布，在识别生态本底，开展生态评价，构建生态安全网络的基础上，复合安全、文化、人本等生态功能空间，明确了"一带十片两环多廊"的生态空间格局，明确了未来南京市绿色基础设施建设发展的方向。另外，按照生态功能重要性，科学划定生态保护红线，有效保障了系统完整性，同时为绿色基础设施的保护和发展明确了方向。2021年11月《南京市"十四五"国土空间和自然资源保护利用规划》印发，确立了"创新名城、美丽古都"的城市发展愿景和"南北田园、中部都市、拥江发展、城乡融合"的国土空间开发保护格局，首次以专项规划的形式明确绿色基础设施等自然资源利用与保护，同时为完善绿色基础设施的规划与建设水平奠定了坚实基础。

3.2.4　绿色基础设施对现代化产业体系的约束引导

现代产业体系是在传统产业绿色转型和循环化发展的基础上逐步形成的，以高端制造业、智慧经济（含数字经济）、现代服务业、现代农业为基础，实现产业升级经济高质量发展的产业形态。对城市地区而言，绿色基础设施结构、功能、布局、过程对现代制造业、生产服务业和生活服务业的产业结构优化升级与产业空间布局调控具有极其重要的影响，现代农业发展以规模化的种植、养殖为特色，耕地和农田水利工程的紧密结合，为现代农业提供广阔的绿色开敞空间、良好的水热条件和给排水方式。

绿色基础设施承受产业结构与布局对生态环境的影响，或者说绿色基础设施生态承载力大小与三次产业的比重有一定的关系，现代服务业比例越大，生态环境承受的生态压力越小；相反，现代工业占地面积越大，工业产值比重越高，产业结构比值越重，所承受的生态环境影响也就越大，污染治理与生态修复工程的投入就越大。党的十八大以来，我国城镇化和工业化的快速推进使工业体系逐步完善，空间功能实现优化转变，物质流、信息流不断加强，区际、区内联系更加紧密。

南京 2017 年 11 月发布了《关于加快推进全市主导产业优化升级的意见》，将现有七大类 14 个战略性新兴产业优化为"4+4+1"主导产业体系：打造新型电子信息产业、绿色智能汽车产业、高端智能装备产业、生物医药与节能环保新材料产业等四大先进制造业，发展软件和信息服务业、文旅健康产业、金融和科技服务产业、现代物流与高端商务商贸产业等四大服务业主导产业；围绕具有重大产业变革前景的颠覆性技术及其新产品、新业态，布局人工智能、未来网络、增材制造与前沿新材料、生命健康等交叉应用领域。南京逐渐发展为中国重要的综合性工业生产基地，形成以电子信息、石油化工、汽车制造、钢铁为支柱，以软件和服务外包、智能电网、风电光伏、轨道交通等新兴产业为支撑，先进制造业和现代服务协调发展的产业格局。

2020 年又出台了《南京市推进产业链高质量发展工作方案》，提出"十四五"期间将全面建成核心技术自主可控、产业链安全高效、产业生态循环畅通的先进制造业体系。在"4+4+1"主导产业体系基础上，聚焦软件和信息服务、新能源汽车、医药与生命健康、集成电路、人工智能、智能电网、轨道交通、智能制造装备等八大产业，全面实施产业链"链长制"，推动八大产业主营业务收入每年增长 20%左右；同时，着眼国内国际产业链重构，明确了八大产业链的主攻方向。这个方案对构建自主可控的先进制造业体系，推进南京产业链高质量发展，推动生态环境保护与经济社会协同发展具有重要作用。

在城市现代产业体系中生产服务、生活服务业是中心城区产业斑块的重要组成部分，公园、游园、绿地、口袋公园等绿色基础设施斑块与产业斑块交错分布，对人居环境形成一定的干扰。中心城区以外的建成区范围内产业集中、集群分布的经济开发区、工业集中区较多，与周边的森林生态系统、湿地生态系统、等级不同的生态廊道会相互影响、相互制约。一方面，绿色基础设施斑块可以为经济开发区提供生态调节服务、调节气候、控制大气污染物、净化水质；另一方面，园区产业污染也会削弱上述生态调节功能。沿江河湖海布置的产业板块会形成环境污染的邻避效应，对水生态系统的危害比较严重，对饮用水源保护区上游产业的集聚影响更大。依据城市自然环境禀赋、环境保护与控制的要求，城市产业结构优化调整应密切结合产业布局的优化。

3.2.5 绿色基础设施对生态空间管护的全方位引领

1. 生态环境与生态文明建设规划

生态环境规划是人类为使生态环境与经济社会协调发展而对自身活动及环境所做的时间和空间的合理安排。生态文明建设规划是在生态文明建设的背景下，明确生态文明建设的指导思想、总体目标和重点任务，为生态文明建设工作提供基础性、指导性、纲领性的参考。生态环境保护力度加大和生态文明建设规划的实施为基础设施建设和发展提供了契机，十八大以来南京市绿色基础设施快速发展，生态服务价值总量也达到了历史之最。

2016 年，国务院印发的《"十三五"生态环境保护规划》提出维护修复城市自然生态系统，提高城市生物多样性，加强城市绿地保护，完善城市绿线管理；优化城市绿地布局，建设绿道绿廊，使城市森林、绿地、水系、河湖、耕地形成完整的生态网络；扩大绿地、水域等生态空间，合理规划建设各类城市绿地，推广立体绿化、屋顶绿化；大力提高建成区绿化覆盖率，加快老旧公园改造，提升公园绿地服务功能。针对生态文明建设，国家提出了建设美丽中国的目标，2020 年国家发展和改革委员会制定《美丽中国建设评估指标体系及实施方案》，将"城市公园绿地 500 米服务半径覆盖率"纳入考核指标体系。以上规划对绿色基础设施的建设提出新的要求。

2021 年，江苏省人民政府办公厅印发了《江苏省"十四五"生态环境保护规划》，为推动减污降碳协同增效、促进经济社会发展全面绿色转型、实现生态环境改善由量变到质变做出规划。这个规划要求加强重要生态系统保护与修复，依托江河湖海地理优势，构筑沿江、沿海、大运河、淮河等重要生态廊道，加快丘陵、湖泊等重要生态功能区建设，推进林地、绿地、湿地系统保护与修复，提升生态系统质量和稳定性。深入开展绿色江苏建设，持续实施大规模国土绿化行动，巩固长江两岸造林绿化成果，实施沿海、沿黄河故道造林绿化工程，加快推进森林（林木）质量提升，深化国家森林城市建设，全面推行林长制。

《江苏省生态文明建设规划（2013—2022）》提出要提升城乡绿色品质，优化城市绿地布局，加强公园绿地、防护绿地、城市绿廊、城市湿地及城郊大环境绿化建设，构建城郊乡一体化的绿色生态网络体系，大力推进以乡土适生乔木为主的城市林荫路系统建设；推动公园免费开放，建设城市绿色健身步道，打造"10 分钟公园绿地便民服务圈"和"10 分钟体育健身圈"。这一规划为江苏省绿色基础设施网络建设的实施提供抓手。2021 年，中共南京市委办公室、南京市人民政府办公厅印发《南京市"十四五"生态环境保护规划》，明确到 2025 年，经济高质量发展和生态环境高水平保护协同推进，碳排放强度持续下降，生态环境质量力争走在全国同类城市前列，生态环境治理体系和治理能力显著增强，为建成美丽古都奠定扎实基础。不断增强生态系统服务功能，稳步推进山水林田湖草系统修复，生态安全屏障更加牢固，生态空间得到刚性保护，生态系统稳定性显著提升，生物多样性得到有效保护。这更加明确了绿色基础设施的生态系统服务功能，环境治理要从源头改善绿色基础设施。

2019 年印发了《南京市生态文明建设规划 2018—2020（修编）》，明确要求维护生态安全格局。完善生态安全网络，进一步优化生态空间结构，加快形成生态调节主导优先、生态服务功能互补、生态产品支撑供给的生态安全格局。以长江生态涵养带、北部丘陵山地生态屏障、南部湖泊与丘陵山地区域生态屏障以及主城紫金山—玄武湖、老山、大连山—青龙山—汤山、将军山—牛首山—云台山生态涵养源区为节点，以老山—滁河、青龙山—方山—云台山，向阳河—朱江山河—（长江）—秦淮河—固城河、金牛湖（山）—横山—（长江）—七乡河—东庐山等主生态廊道为骨架，充分发挥河流水系、高速公路绿化林带以及城镇绿化防护隔离带等生态功能。到 2020 年，区域生态屏障和重要生态涵养源相结合的生态安全格局基本形成。严守生态红线。落实生态红线刚性保护，执行国家和省级生态保护红线规划，完善生态保护红线勘界定标，实现"多规合一"。实施绿化造林。以"三沿五片"（沿路、沿水、沿园区和美丽乡村五大示范片区）为重点，实施新一轮城乡绿化行动计划，建设生态绿色廊道。大力实施森林抚育，加快低效林改造，完善提升沿江、沿河、沿湖水源涵养林建设质量。完成环紫金山绿道、明城墙周边绿道、外秦淮河周边绿道、滨江风光带绿道、环青龙山绿道、牛首云台绿道等一批绿道建设。

2. 生态保护红线规划

生态保护红线是在自然生态空间内划定的，具有特殊重要生态功能，必须强制性严格保护的区域，是自然生态空间内最重要和最核心的部分。以江苏省为例，

2018 年省人民政府印发《江苏省国家级生态保护红线规划》，将自然保护区、森林公园的生态保育区和核心景观区、风景名胜区的一级保护区（核心景区）等纳入国家级生态保护红线，原则上按禁止开发区域的要求，实行最严格的空间管控措施。2020 年《江苏省生态空间管控区域规划》确定了 15 大类 811 块陆域生态空间保护区域，总面积 23 216.24 km^2，占全省陆域的 22.49%。其中，国家级生态保护红线陆域面积为 8 474.27 km^2，占全省陆域的 8.21%；生态空间管控区域面积为 14 741.97 km^2，占全省陆域的 14.28%。围绕"功能不降低、面积不减少、性质不改变"的总体目标，科学制定管控措施。

　　科学划定生态保护红线和生态空间管控区域，构建与优化国土生态安全格局，对加强生态环境保护与监管、保障生态安全、促进经济社会高质量发展具有极其重要的意义。生态保护红线具有以下效益：一是响应民生需要，服务高质量发展。为推动经济社会高质量发展和生态环境高水平保护，对涉及生态空间管控区域的重大产业项目和重大线性基础设施开设"绿色"通道，逐一研究解决方案。在项目选址选线和环保措施制定环节提前介入，加强服务，切实减轻对生态环境的影响，以推动项目尽快落地建设。二是优化生态格局，提升生态服务功能，保护生境安全，包括生物多样性、水源涵养、水土保持、环境质量提升等。三是保障城乡饮用水源安全。饮用水源地是生产生活的基本需求，江河湖泊水库等水源保护区，南水北调中线、东线水质保障和整体水源涵养量是维护生态安全的基本要求。四是保障人居安全，促进可持续发展。生态空间管控区要按照节约优先、保护优先、自然恢复为主的方针，从根本上预防和控制各种不合理的开发建设活动对生态功能的破坏，从源头上扭转生态环境恶化的趋势，为人居环境安全提供有力的生态保障。

3.3　绿色基础设施实践的制度保障

　　绿色基础设施建设需要政府、企业、个人等多元主体参与，在区域、产业和社会多个层面展开。目前，我国绿色基础设施建设主要依靠行政力量，通过规划和政策的实施推动，市场驱动机制亟待建立和完善，培育和形成公众参与机制任重道远。

3.3.1　政府推动

　　政府推动机制是依托现有的行政管理体制，以政府为主导，通过"自上而下"的行政力量推动绿色基础设施建设在区域落实，往往通过规划和政策的实施推动。近年来，我国很多城市在国土空间规划的基础上编制了绿地系统专项规划，指导完善城市绿色基础设施建设，这一举措使城市绿色基础设施总量持续增加，其质量和生物多样性明显提高。一些地区基于城市群规划，推进城市间绿色基础设施网络构建，优化区域尺度的绿色基础设施格局。此外，政府出台相关政策与法规，如《城市绿化条例》《国务院办公厅关于科学绿化的指导意见》等指导绿色基础设施建设。在政府的强力推动下，各级各类区域和城市的绿色基础设施建设取得了显著成效。然而"自上而下"的政府推动，不可避免地会出现中央政策与地方政府的发展动机及企业行为的不相容。面临区域利益与国家整体利益的冲突与博弈，需要加大激励力度，增强地方政府和企业转变增长方式的内生动力，在建立面向城市绿色基础设施建设的生态文明政绩考核体制机制的同时，推行绿色基础设施建设的优惠政策，鼓励开发商开发和建设绿色建筑，推动城市绿色基础设施建设。

3.3.2　市场驱动

市场驱动机制是运用市场的办法将资源消耗和环境损失的成本"内部化"，从而影响和调节微观主体行为，一定程度上实现了经济发展与环境保护的协调发展。与政府推动的外部力量相比，市场驱动的机制具有内生性，被普遍认为是解决环境问题最有效、最能形成长效机制的办法。目前，我国关于绿色基础设施的环境经济政策体系的基本框架初步形成，包括环境投资、环境信贷、环境责任险、生态补偿等，但由于市场机制发育不成熟，环境经济政策体系尚未真正建立。所以，要加快建立适应市场经济要求的多元化投资机制，鼓励企业、公司和投资人参与到绿色基础设施建设中，充分吸收社会资本参与。充分利用非政府组织的效益，发挥非政府组织对城市环境建设的参与权和监督权的作用，鼓励非政府组织与政府积极展开合作，共同建设城市绿色基础设施。

3.3.3　公众参与

公众参与机制是全社会推进绿色基础设施建设的微观基础。城市绿色基础设施是服务城市居民的公共产品，公众作为直接的受益者，应当积极参与城市绿色基础设施建设。只有将人与自然平等相处、和谐共生的生态文明价值理念内化为个体的内在需求和自觉行为，绿色基础设施建设才有持久的动力源泉。政府要为公众参与环境管理提供法律依据，确保公众的环境参与权，鼓励公众对绿色基础设施建设建言献策。与此同时，加大推广力度，利用媒体宣传等手段，使公众获取到相关信息，从而吸收各个领域的专家与人才加入绿色基础设施建设队伍。

第4章 城市化地区绿色基础设施营建与发展模式

随着新型城镇化的推进，城市发展越来越要求节约集约利用土地、水、能源等资源，强化环境保护和生态修复，减少对自然的干扰和损害，推行绿色低碳的城市建设和运营模式，绿色基础设施在城市建设中发挥着越来越重要的作用。

4.1 城镇化进程与绿色基础设施演进

我国城镇化发展经历了探索发展期、快速发展期及新型城镇化高质量发展期，典型的发展模式有区域联动型、资源主导型和内生扩建型。由于发展阶段和发展模式的差异，国内外绿色基础设施建设和管控的方式也有所不同。

4.1.1 我国的城镇化进程与发展模式

1. 城镇化进程

我国城镇化发展的历史进程表现出鲜明的阶段特征。新中国成立至改革开放（1949～1977 年）是城镇化探索发展期，改革开放后（1978～2012 年）是城镇化快速发展期，党的十八大以来（2013 年至今）是新型城镇化高质量发展期。

1）城镇化探索发展期（1949～1977 年）

新中国成立至改革开放时期，我国进入城镇化发展的初级阶段。此阶段城镇化的主要特征是发展进程缓慢曲折、城镇化水平较低、工业化是发展的主要动力等。1955 年国务院制定了第一个城镇标准：常住人口在 2000 人以上、居民 50%以上是非农业人口的居民区为城镇。至 1960 年，由于"大跃进"运动中城镇化建设表现出快速冒进的发展趋势，城镇化率从 1957 年的 15.39%提升至 19.70%，大量农村人口涌入城市使得工农业比例失调，国民经济受到较大波动。1961 年后我国经济进入调整期，国务院先后调整城镇化政策。1962 年做出调整市镇建制决定，规定凡是人口在 10 万以下的城镇均撤销市的建制[①]。1963 年做出"调整市镇建制，缩小城市郊区"的决定[②]。城镇化率随之下降，1965 年降至 10.6%，直

[①] 1962 年 10 月，中共中央、国务院在《关于当前城市工作若干问题的指示》中作了调整市镇建制的决定。

[②] 1963 年 12 月，中共中央、国务院发布了《关于调整市镇建制，缩小城市郊区的指示》。

到 1977 年并未经历大幅增长，城镇化建设几乎处于停滞状态。

城镇化建设整体上经历了启动发展、波动起伏和下滑停滞三个阶段，建设速度总体缓慢。城市数量由 1949 年的 132 座增加到 1977 年的 277 座，城镇化率由 1949 年的 10.64%提高至 1977 年的 17.55%，年均增长 0.25 个百分点。虽然城镇化建设速度和成效并未达成理想效果，但这一阶段的建设既有促进城镇化顺利启动发展的成功经验，也有违背发展规律的惨痛教训，为中国特色新型城镇化道路的逐步形成起到了理论"试错"的重要作用。

2）城镇化快速发展期（1978～2012 年）

改革开放后，我国城镇化建设进入快速发展期。党和国家将经济建设作为工作重心，经济发展模式由平均主义主导转变为生产效率主导，完成了人类历史上规模最大、速度最快的人口城镇化过程。对内改革以农村为主要抓手，通过实施家庭联产承包责任制，大幅度提升了农民生产积极性和生产效率，为城镇发展提供了重要的物质基础。随后，中国第一个农村工业化浪潮兴起，人口迁移呈现出"就近城市化"特征，新兴小城镇迅速发展起来。对外开放也极大促进了我国的城镇化进程。1980 年成立深圳等 4 个经济特区，1984 年开放大连等 14 个沿海港口城市，1985 年划分长江三角洲等 3 个经济开放区，1988 年设立海南经济特区，1990 年开放浦东新区，一系列举措极大地刺激了我国沿海地区的经济发展。除了本地城市得以开放引资，还吸引了大批中西部劳动力迁移流动，进一步促进了沿海地区城镇化发展。

这一时期，城镇化政策不断演进，呈现出动态性、阶段性和复杂性的特点，先后提出"控制大城市规模，多搞小城市"[①] "小城镇，大战略"[②] "坚持大中小城市和小城镇协调发展"[③]等发展思路，并降低了建制镇标准和市标准，极大地促进了我国城镇化建设进程。党的十四大后，城镇化逐渐上升到国家战略高度，政策绿色通道全面开放，我国城镇化建设正式走上快车道。1978～2012 年，城市数量由 193 座增加至 657 座，城镇化率由 17.92%提升至 52.57%，年均增长 0.99 个百分点。

3）新型城镇化高质量发展期（2013 年至今）

新时期，我国城镇化建设在高速发展后逐渐暴露出质量问题，城市管理服务水平不高，"城市病"问题日益突出。党的十八大以来，这些问题得以发现并加以纠正。传统粗放式的城镇化发展模式转向中国特色新型城镇化发展模式，标志着我国城镇化发展进入高质量发展期。

---

① 1978 年，第三次全国城市工作会议中提出"控制大城市规模，多搞小城镇"方针。

② 1998 年，党的十五届三中全会提出"小城镇，大战略"。

③ 2005 年，《中共中央关于制定国民经济和社会发展第十一个五年规划的建议》提出"坚持大中小城市和小城镇协调发展"。

2014 年，中共中央、国务院印发《国家新型城镇化规划（2014—2020 年）》，明确了高质量发展新型城镇化的目标与方法路径，提出了有序推进农业转移人口市民化、推进农业转移人口享有城镇基本公共服务、强化综合交通运输网络支撑等适应国情变化的政策方案。2021 年，国家发展和改革委员会印发《2021 年新型城镇化和城乡融合发展重点任务》，提出有序放开放宽城市落户限制、推动城镇基本公共服务覆盖未落户常住人口等措施，并提出提升城市群和都市圈承载能力、促进大中小城市和小城镇协调发展等战略性措施。《国家新型城镇化规划（2021—2035 年）》提出"推进以县城为重要载体的城镇化建设"，明确"十四五"时期深入推进以人为核心的新型城镇化战略的目标任务和政策举措，城镇化建设进入新的发展赛道。

现阶段，我国城镇化发展转向以高质量为主，但同时并未过度减缓城镇化速度。城镇数量由 2013 年的 658 座增加至 2021 年的 687 座，城镇化率由 53.73%增加至 64.72%，年均增长 1.22 个百分点。在新型城镇化的高质量发展时期，一些城市为解决空间无序开发、人口过度集聚，重经济发展、轻环境保护，重城市建设、轻管理服务的问题，越来越重视绿色基础设施在城市建设中的作用。通过绿色基础设施的建设缓解大气、水、土壤等环境污染，改善城中村和城乡接合部等外来人口集聚区的人居环境。

2. 城镇化发展的典型模式

城镇化模式是指一个国家或地区在特定阶段、特定环境背景中城镇化采取的具体方法和途径。适当的模式有助于解决人口城镇化相对土地城镇化滞后、城市病乡村病突出、生态环境破坏严重等问题。梳理已有的典型城镇化模式，可以分为区域联动型、资源主导型、内生扩建型三大类，可为其他地区城镇化发展提供参考和借鉴。

1）区域联动型

区域联动型城镇化发展模式指的是依托区域内某一发展龙头，联动整体区域整合推进发展，主要有以下几种典型模式。

（1）中心城市带动型模式。增长极理论在区域经济发展中引入了区位经济、规模经济和外部经济的概念，促进区域规划理性决策的实现。该理论强调中心城市的辐射和带动，并通过极化效应和扩散效应模拟了辐射带动过程。极化效应指迅速增长的推动型要素集聚，形成地理上的极化，进而获得规模经济。同时，规模经济逆向作用，进一步促进极化效应的形成和影响。扩散效应指的是增长极的作用通过一系列机制向外传导，以增加收入的形式对周边产生影响。

（2）城市群带动型模式。当今城市规划和建设的重要模式是建立城市群和都市圈。《2009 年世界发展报告：重塑世界经济地理》吸收了马歇尔外部性与新经济地理学的理论成果，创造性地提出一个新的经济地理分析框架——3D 分析框架，即密度（density）、距离（distance）、分割（division）。这个报告提出高密度、短距离和低分割是经济成功发展的基本条件，不断增长的城市密度、人口迁移和专业化生产成为发展不可或缺的部分。高密度有助于分享固定投入、劳动供求高效匹配、厂商和劳动力之间相互学习的规模经济效应在城市经济之中实现。距离决定了新城建设地接近市场的程度，从而影响当地吸引资源的能力和发展潜力。密度和距离都存在正、负两种效应。密度正效应表现为规模经济，即密度越高的城市，企业越有可能获得更大的市场，而负效应主要表现为城市过度集聚造成的拥挤效应，会提高企业的土地成本和其他运营成本。距离的正效应体现为免于受极化的影响，而负效应体现为难以接受知识技术以及要素和产业转移的正外部性溢出，导致发展机会的损失，从而降低生产率。

　　2）资源主导型

　　资源主导型的城镇化发展模式是某区域依托某种主导市场或产业依赖于某种资源而逐渐发展壮大为城市的模式，包括市场主导型和产业主导型两种模式。其中，市场主导型模式是指某地与交通枢纽、贸易中心等距离较近，或者借助某种地理区位优势而逐渐发展起来的商品集散地等，尤其以"兴商建市""兴商建县"等为典型。产业主导型模式指依赖于具有独特优势的农业、工业、旅游等资源兴起壮大的发展模式，如山东寿光就以农业产业化为依托，集生产、加工、运输、销售等多产业链为一体，逐渐发展为重要的农产品集散中心，从而促进当地的城镇化建设。东北老工业基地中的相当一部分城市则以工业资源为依托，通过工业兴起和乡镇企业壮大而逐渐繁荣。以旅游资源为依托的模式在我国城镇化建设过程中普遍存在。九寨沟就是一个典型案例，旅游业的带动使得九寨沟由一个村落逐渐发展壮大为以九寨沟为中心的城市群区域。

　　3）内生扩建型

　　内生扩建型城镇化发展模式主要指围绕既有城市规模，在城市内部展开建设的模式，包括城市扩展模式、新区或新城建设、郊区农村就地城镇化等。其中，城市扩展模式是为疏解不断增长的人口和产业规模而向外扩展城市用地的城镇化发展模式，不仅在中国，世界很多国家或地区的城镇化都曾采取这种模式，而土地所有制的不同使得中国城市扩展模式更富有特色，公有制下土地交易的机会成本较之西方小很多，无疑加快了我国城镇化进程。新区或新城建设是较为复杂的一种城镇化模式。我国的新区或新城建设在对入驻人口、土地性质用途乃至城市基本规划完成后，经国务院和民政部严格审批才可进行建市建镇。一般来说，建设新区或新城的区域是原有城市能够覆盖辐射的，根据市场和产业基础，有分担中心城市商业、工业压力等功能。郊区农村就地城镇化模式主要是通过分散的形式，在农村地区实现城市形态建设。由于拥有良好的生活环境和社会服务，以及相对数量的就业岗位，农村区域对于流动人口来说迁徙成本较低，吸引大量人口聚拢，推动产业与人口密度、基础设施、公共服务等发生变革。

3. 城镇化发展的典型案例

在我国城镇化建设过程中，涌现出一些经典的区域发展模式，最典型的是苏南模式、温州模式、晋江模式和珠三角模式。

1）苏南模式

苏南模式是对苏州市、无锡市、常州市等地区自 20 世纪 80 年代以来的城镇化发展模式的总结。苏南模式的主要特点是走内生型发展道路，通过本地政府推动，大力发展集体经济，并以此为主要经济体发展乡镇企业。政府扮演中介角色，使劳动力、土地和资本等生产要素集合在一起，社会上的闲散资源集中起来，完成了资本原始积累阶段，推动了苏南乡镇企业在全国范围内的率先发展。此外，苏南模式的另一大特征是加强城乡工业间的联系，推动城乡工业发展一体化。将城市工业向农村地区分散，使农村地区得以享受城市工业生产要素，并不断促进农村地区的资源聚集程度和工业化水平，进而推动农村地区城镇化的发展。

2）温州模式

温州模式具有与苏南模式完全不同的特征。温州模式下，在推动产业和市场专业化过程中，主要是依靠农民自发地将家庭工业生产与产业市场结合，一定程度上打破了必须由政府主导或投资才能推动产业发展的经济格局。温州模式的贡献是率先以市场经济的方式促进农村的经济社会发展和城镇化建设。温州模式下的城镇化特征是充分发挥以市场经济为基础的个体和私营经济优势，由农民自己承担风险，发展劳动密集型产业，并逐渐在国内外市场中获得相对牢固的市场份额。这样的经济发展模式有助于其积累劳动力与资本资源，从而促进本地城镇化建设加速发展。

3）晋江模式

以晋江地区为核心的农村城镇化模式，其主要特征是以联户集资的股份合作制为主要形式，以侨资为依托，以市场为导向，以国产小洋货为特征，以外向型经济为目标，大力发展当地农村经济，不断催生本地乡镇企业兴起发展，同时依据自身特殊的区位优势大力发展轻型产业，提高经济外向度，加快生产要素在城乡之间流动，最终推进本地城镇化快速发展。

4）珠三角模式

以广州市、深圳市为中心的珠江三角洲地区的经济社会和城镇化的特色发展模式。珠三角模式的典型特征是引进大量外资，将外资企业和中外合资企业打造成地区经济发展龙头，大力推进当地工业发展，催生了相当一批本地乡镇企业，进而带动城镇化发展。同时，珠江三角洲也在这一模式下逐渐完善了当地市场体系，充分利用其特殊的地理区位优势，不断提升城镇化发展质量。

总的来说，我国城镇化发展经历了曲折漫长的过程，但一直走在适应国情、合理科学规划的道路上。国土面积辽阔，区域间发展存在较大的差异，决定了我国城镇化的进程是一个多样模式的综合发展过程，这为中国特色的城镇化发展提供了丰富的经验。

4.1.2　西方城市绿色基础设施的建设与管控经验

目前学界将西方城市发展分为前工业城市（多为农业社会城市）、工业城市和信息城市三个阶段（李韵平和杜红玉，2017），在不同阶段，城市发展所应对的生态问题、绿色基础设施要素在城市发展中的地位和作用也不同。前工业城市阶段，规模较大、形态完整、自然生态原真性保存完好的绿色基础设施要素在空间格局中占有重要地位，并发挥重要的生态服务功能。进入工业城市阶段，城市快速发展引发了"城市病"，公众对环境的诉求日益强烈，使得市中心和邻近市中心半自然的未利用地发展为规模不等但边界清晰、整体性强的绿色基础设施斑块，如城市绿心、森林公园、风景区、郊野公园体系、中央公园。第二次世界大战以后进入信息城市时代，出现逆城市化现象，政府迫切推动旧城环境品质提升，公众参与规划与环保运动兴起，绿生态斑块与不同等级廊道等共同楔入中心城区，边界形态不规则也较为破碎（表 4.1）。

表 4.1　国外城市生态空间的发展历程

发展阶段	时代背景	主要特征	典型案例
前工业城市	第一次工业革命之前受文艺复兴和大航海运动的影响，皇室花园对外开放	邻近城市中心区位；优越的自然本底；规模较大且形态规整；保留并转化	伦敦内城皇家公园群柏林大蒂尔加滕公园巴黎圌龙林苑
工业城市	城市化快速发展引发"城市病"问题，社会各阶层的普遍诉求，引发城市公园运动	市中心或邻近市中心；半自然的未利用地；边界规整且整体性强；优先规划	纽约中央公园旧金山金门公园
工业城市	城市化快速发展引发多重矛盾，城市规划技术进步，受田园城市思想影响，积累了诸如"绿带"政策、"绿心战略"等丰富经验	两市之间；利用农业用地；边界形态规则且整体性强；优先规划	大伦敦"绿带"阿姆斯特丹森林
信息城市	第二次世界大战以后，出现逆城市化现象，政府迫切推动旧城环境品质提升，公共参与规划与环保运动兴起	旧城区内；棕地、已关闭的大型交通基础设施、农业区；边界形态不规则；较为破碎化	北杜伊斯堡景观公园纽约清泉公园

城市绿色基础设施的演变与城市化发展进程有着不可分割的关联性，主要是由于在城市化发展中，环境污染、生态破坏、热岛效应、城市内涝等"城市病"不断涌现，城市绿色基础设施是解决"城市病"的重要手段。西方国家由于城市化进程开启较早，城市建设进入相对成熟的时期，积累了许多城市绿色基础设施建设与管控的经验。

1. 城市公园运动

随着工业革命在欧洲的展开，城市经济快速发展的同时，环境恶化、瘟疫猖獗等严重的"城市病"频繁出现。为了缓解城市环境压力和改善社会健康，以英国为首的欧洲各国不得不进行大规模的自然风景园林建设。自然风景园林是指在天然山水景观的基础上，适度地进行人工开发而建成的园林。在国家经济实力空前强大、政治民主进程已经展开的背景下，城市公园运动成为西方各国加强社会管理与组织干预的重要一环。至第一次世界大战前，英国已形成了以"块"和"带"为主体的公共空间发展格局，但还未能注意到城市整体公共空间的规划设计，后续田园城市思想的发展，使英国公共空间观念逐渐走向成熟。

2. 田园城市观念与实践

19 世纪末，英国社会活动家霍华德提出的田园城市规划设想可认为是绿色基础设施管护的雏形。他主张"在城市外围建立永久性绿地，供农业生产使用，以此来抑制城市的蔓延扩张"。田园城市设想对现代绿色城市与生态城市的发展起到了启蒙作用，对后来出现的一些城市规划理论，如"有机疏散"论、卫星城镇理论颇有影响。受田园城市思想的影响，1938 年英国制定了《绿带法》，生态空间成为一种空间政策。此后，伦敦、东京、巴黎等地相继出现了绿带保护实践。

3. 国家公园运动

1872 年，美国建立世界第一个国家公园——黄石国家公园，以法律的形式明确规定国家公园归全体人民所有，由联邦政府直接管辖，并保证"完整无损"地留给后代。国家公园体系内成员的产权主体是美国国家公园管理局，实行国家、地区和公园三级垂直管理。每一个国家公园都独立立法，保证了国家遗产资源在联邦公共支出中的财政地位，也避免了美国国家公园管理局与林业局、国防部等之间的矛盾。100 多年来，建立国家公园逐渐成为一项国际性运动，世界 124 个国家已建立 6000 多个国家公园。各国根据各自国情探索出一套适用于自身发展的管理体系。总体上，国家公园管理有两大理念：英美等发达国家注重采用多种手段维护生态系统完整，发展中国家则侧重于协调公园发展与周边利益相关者的关系，实现收益共享。国家公园概念被世界自然保护联盟（International Union for

Conservation of Nature，IUCN）所接纳，并发展成为目前国际上广泛认可的保护地系统。

4. 环境保护与绿色基础设施多样化融合的新阶段

第二次世界大战以后，西方各国实施了规模宏大的城市重建计划。人口的快速增长和工业发展导致逆城市化现象，西方更加关注大范围的生态环境保护与建设，希望通过城乡绿地的有机融合，保证自然生态过程的流畅有序。例如，20 世纪 60 年代，威斯康星州创建了一个跨州的绿色空间走廊，规划了大部分河流、小溪、湿地等生态系统，保护了自然资源及 220 个具有游憩价值的自然和文化景观。至 21 世纪初，受可持续发展等国际思潮的影响，西方各国陆续建立起多层级、网络化、多元主体参与的绿色开敞空间体系。

4.1.3　国内城市绿色基础设施的管控与演进历程

我国古代绿色基础设施多为王公贵族、达官显宦等大地主阶级所拥有的皇家园林和私人园林，并配有专人管理。除此之外，受社会生产力发展的桎梏，统治阶级对其他类型的绿色基础设施的管理十分粗放且一味追求经济效益。近现代以来，受西方理念的影响，政府对绿色基础设施的重视程度提升。一些具有民生价值的公园开始出现，城市绿色基础设施由为少数人服务的私园绿地逐渐转变为大众共享的开放空间（李韵平和杜红玉，2017），在其法律制定、机构设置、人才培养等方面都有所发展，然而由于战火频发、政局动荡，绿色基础设施的功能大多流于形式，并未得到有效发挥。

新中国成立后，绿色基础设施管控经历了从土地用途管制、自然生态空间用途管制到国土空间用途管制阶段（黄征学等，2019）。新中国成立初期，城市化进程缓慢，绿色基础设施仅仅被当作土地规划的重要认知基础，尚未有专门的建设和管控措施。20 世纪五六十年代，依据《1956—1967 年科学技术发展远景规划纲要（修正草案）》，广泛开展了涵盖国家、省等不同尺度的区域规划编制工作，以地形、气候、水文、土壤、植被等因子作为依据进行了七大地理区的划分，综合自然区划揭示的地带性与非地带性空间规律，无一不与绿色基础设施要素相关联。同时，综合自然区划与气候、土壤、植被等部门自然区划的结合，实现了对国家各层级自然综合体或绿色基础设施要素组成成分、相互作用关系、自然历史过程以及空间分布特征的全面认识，也为后续的中国农业区划提供了理论铺垫。

改革开放以后，快速的城市化进程激发了大量建设用地需求，产生了耕地无序转用、闲置浪费、低效利用等诸多问题。为了保障粮食安全，1998 年国家修订了《中华人民共和国土地管理法》，规定"国家实行土地用途管制制度"，明确以土地利用总体规划中划分的农用地、建设用地和未利用地三大类为基础，严格限制农用地转为建设用地，控制建设用地总量，率先对耕地实行特殊保护。严格的数量管制初步遏制了耕地被大量占用的态势，但也存在落地难、监管难等问题。强化耕地保护后，地方政府为发展经济或规避监管，开始挤占林地、草地、湿地等绿色基础设施。为缓解城市周边的生态环境被破坏等问题，中央有关部门逐步扩大和转向对部分生态用地的管制。各部门按照生态要素分门别类实行管制，相继建立起自然保护区、风景名胜区、森林公园等不同类别的生态保护区域（表4.2）。

表 4.2 国内不同城市化阶段绿色基础设施的建设与管控

发展阶段	时代背景	主要特征	典型案例
城市化初期	近代以来，受西方生态理念影响，皇家园林和私园绿地逐步开放	城市中心或建成区边缘；优越的自然本底和悠久历史，专人管理；边界规整且规模较大；保留并转化	北京天坛公园；南京玄武湖公园
	新中国成立之初，开始恢复城市建设；学习苏联经验，生态资源强调和工农生产相结合；绿色基础设施仅作为土地规划背景知识	市中心区位；半自然未利用地；边界规整且整体性强；优先规划	上海人民公园
城市化中期	改革开放以来，城市化加速发展；人民群众的需求提高，生态功能趋于多样化；生态空间要素在区划中的地位提高	旧城改造或新城开发；棕地、受城市化胁迫的农田或湿地；边界不规则，有破碎化倾向；保留修复或优先规划	杭州西溪国家湿地公园；唐山南湖城市中央生态公园
城市化后期	21世纪以来，受可持续发展的国际思潮影响，重视生态空间的社会效益和生态效益；城市化高度发展；生态空间管理更加法治化；构建生态空间保护体系	区位不定；出于大型节事或保护地方特色自然资源等目标；利用农用地保护政策留存的农业用地和城郊混合区而生成；具有偶发性；形态不规则，整体性较弱	北京奥林匹克森林公园；广州万亩果园

生态规划设计一定程度确保了绿色基础设施建设的落地实施，但以生态要素为基础的管制方式割裂了各要素生态系统之间的联系，各部门的管制手段和政策在空间上的协调性不够，管制效果并不令人满意。为深入贯彻坚持山水林田湖草沙是生命共同体的理念，从维护生态系统整体性的角度出发，管制范畴从以"条"为主转向以"块"为主，更加强调自然生态要素的用途管制。党的十八大明确提出"生态空间"的概念，并对国土空间进行生态、生产、生活三类空间的划分。2017年国土资源部印发《自然生态空间用途管制办法（试行）》，制定了全覆盖的自然生态空间用途管制办法。绿色基础设施作为重要的生态空间，为系统治理山水林田湖草沙，提升生态系统的稳定性和可持续性助力。

城市绿色基础设施的生态效益和社会效益得到重视，其管理更加法治化。为了防范过度强调自然生态空间，协调好城镇空间、农业空间和生态空间的关系，十九届四中全会通过的《中共中央关于坚持和完善中国特色社会主义制度　推进国家治理体系和治理能力现代化若干重大问题的决定》指出"加快建立健全国土空间规划和用途统筹协调管控制度，统筹划定落实生态保护红线、永久基本农田、城镇开发边界等空间管控边界以及各类海域保护线，完善主体功能区制度"，同时"加快建立自然资源统一调查、评价、监测制度，健全自然资源监管体制"。目前，国土空间规划体系的是国家空间发展的指南、可持续发展的空间蓝图，是各类开发保护建设活动的基本依据，已成为实施国土空间用途管制和生态保护修复的重要依据。

4.2　国外绿色基础设施发展模式及建设实践

为满足生态修复、环境建设、生物多样性保护等不同城市管理需求，欧洲、美国、日本等国家和地区制定了不同的绿色基础设施规划，实施了诸如雨水花园、绿带、绿道、湿地等不同的项目，为城市地区保护和支持生态、文化等功能的完整性提供解决方案。

4.2.1　欧洲地区绿色基础设施建设实践

1. 关于绿色基础设施的含义

欧洲的绿色基础设施一般是指基于自然的，由自然区域和绿道、公园等半自然区域组成，为人类社会提供生态、经济和社会效益，保障人民生活质量的空间网络。在城市地区，绿色基础设施可以由绿色和蓝色空间组成，如公园、行道树、绿色屋顶和河流等。英国和德国在绿色基础设施方面研究较早，英国于 2009 年出台《绿色基础设施导则》，指出绿色基础设施由城市及城市周边区域的绿色开放空间组成，强调绿色开放空间的数量、质量、连接度，以及为人们提供的经济与生态效益（剧楚凝等，2018）；德国于 2017 年出台《联邦绿色基础设施概念规划》，明确提出绿色基础设施规划是以自然保护区、国家自然文化遗产、特殊生态功能区（河漫滩、海洋、城市居民点等）为基本对象，以实现自然生态环境保护和生态系统服务提升为终极目标的可持续工具（胡庭浩等，2021）。2013 年 5 月，欧盟委员会通过了绿色基础设施战略，将其定义为"一种具有其他环境特征、由自然和半自然区域组成、经过战略规划的网络，旨在提供广泛的生态系统服务"，包含绿色空间（涉及水生生态系统，则为蓝色）、陆地（包括沿海）和海洋地区的其他物理特征。欧盟空间观测网于 2020 年发布了《城市绿色基础设施》，指出"绿色基础设施由相互关联的绿色和蓝色空间（如公园、行道树、绿色屋顶、河流等）组成，它们为城市地区保护和支持生态与文化功能的完整性提供了解决方案，促进城市更加绿色和可持续发展"。

2. 有关绿色基础设施的行动计划

许多欧盟成员国将与绿色基础设施相关的目标或要求列入广泛的生物多样性和自然保护政策及立法中。例如，法国《国家生物多样性战略（2011—2020年）》提出绿色基础设施是一个连贯的保护区网络，匈牙利在《生物多样性2020战略：匈牙利的生物多样性保护和可持续使用战略（2015—2020年）》中明确提出"绿色基础设施各要素要协调发展以维持和增强生态系统的可操作性，改善景观生态功能区域之间的联系，利用绿色基础设施和生态系统服务工具，将保护生物和景观多样性增强纳入相关部门政策"。《芬兰2020年生物多样性战略和行动计划》指出"必须通过发展绿色和蓝色基础设施，防止或减少自然区域碎片化对生物多样性的有害影响"。马耳他的《国家生物多样性战略和行动计划（2012—2020年）》提出社区倡议，将线性景观作为碎片间的生态走廊用于城市绿色基础设施和保护区建设，实施绿色基础设施战略以提高其网络一致性。卢森堡的《国家自然保护计划（2017年）》包括国家生物多样性战略，提到绿色基础设施和生态系统恢复包括减少碎片化、改善绿色基础设施和其他自然地区的连通性等行动。希腊和斯洛伐克的国家生物多样性战略也明确提到绿色基础设施。其他国家的生物多样性战略和行动计划尽管没有特别提到绿色基础设施，但涉及基本理念，如罗马尼亚的《国家生物多样性战略和行动计划（2014—2020年）》包括诸如"分析自然保护区和生态走廊的一致性"和"评估当前道路交通网络碎片化自然栖息地和具有保护价值的野生物种栖息地的方式，并提出减少或消除碎片化的解决方案"等行动。

欧洲各个大城市也制定了绿色基础设施规划。巴塞罗那于2013年通过了《2020年绿色基础设施和生物多样性计划》，这一计划提出到2050年建成"通过确保绿色基础设施的连接，使自然和城市相互作用并相互促进的城市"，通过"城市绿色走廊"构成一个真正的、功能强大的绿色基础设施网络。《曼彻斯特伟大的户外——曼彻斯特绿色和蓝色基础设施战略（2015—2025年）》将城市的绿色基础设施行动与到2025年的增长计划结合起来，围绕绿色和蓝色基础设施提出四个目标：提高现有的质量和功能，使其效益最大化；作为新开发项目的关键组成部分，帮助社区成功创建以支持城市发展；改善城市内外的连接和可达性；广泛理解和认识为居民、经济和当地环境带来的好处，同时还制定了利益相关方实施计划，并确定了投资和交付机制。

《2010—2024年里斯本战略》制定了三个与绿色基础设施相关的目标：通过修复空置的建筑物、退化的市区和绿地实现城市再生；重点关注自然脆弱性（如洪水）、能源效率、减少交通和增加绿地面积以适应气候变化；为文娱活动和生态保护提供绿化空间和走廊网络，提高绿化空间的连通性。这一战略实施的结果是绿地数量显著增加。此外，总体发展规划将生态结构作为城市规划战略的一个关键因素。受密集的城市结构特别是在城市中心的限制，生态结构旨在确保城市内自然和半自然系统的连续性和互补性。基础设施也被列为里斯本战略的重点领域，欧盟成立了绿色基础设施专责小组，由此产生了一系列产出，包括 2013 年通过的《绿色基础设施——提高欧洲的自然资本的新战略》报告。斯德哥尔摩已逐步将生态系统服务的概念引入各级规划中，在 2010 年的区域发展规划中几乎没有提及相关内容，但在 2050 年的规划中将绿色结构、蓝色结构和农村作为重要部分，评估各种栖息地和生物群落之间的连通性。《伦敦计划 2021》指出统一规划，设计并管理绿色基础设施。2016 年，政策重点关注绿色基础设施，并提出管理和实施的承诺，包括制定与市长的生物多样性战略相一致的栖息地以及绿化带和农业用地保护和恢复的进一步行动，此外《伦敦基础设施规划 2050》附加了关于赋能基础设施的支持文件，其中一部分侧重于绿色基础设施。

3. 有关绿色基础设施的行动干预项目和措施

自 2000 年以来，"绿色社区"项目已在布鲁塞尔首都大区支持了 1000 多个地方绿化倡议，它是由个人发起的、小规模的绿色公共空间活动组成。哥本哈根的绿色屋顶是哥本哈根气候适应计划及其生物多样性战略的一部分。《2015 年哥本哈根市政计划》规定"在适合建筑的新规划地区，所有新建筑都必须有绿色屋顶，包括平屋顶（最多 30 度角）"。莱比锡市实施了一系列当地干预措施，包括创建绿色走廊、"绿色环"、投资开发公园和将废弃地区转变为绿色城市空间，如潘斯多夫（Pansdorf）地区开发的"绿色弧"（围绕一个大的高密度住宅区的绿色空间链）。

西班牙的贝纳瓜西尔市使用绿色基础设施构建可持续的排水系统，使用地表水径流的保留、滞留和渗透进行雨洪管理，通过建造植被覆盖层、排水沟、透水人行道、雨水花园、滞留筏和雨水收集库，对城市空间进行改造。监测结果证实了这些设施在城市水管理方面的效率，这些设施还具有抵御气候变化影响、减少能源消耗、避免沉淀物进入污水网络以及公共空间等多种功能。

英国开放空间的布局模式以绿心、绿带、绿指和绿道模式为主。绿心指城市建成区内的开放空间；绿带指阻止城市扩张的城周绿地；绿指是嵌入建成区的放射状楔形绿地；绿道是一种线性的开放空间，为人类活动的主要载体。1967 年伦敦为挖掘绿色开放空间的休闲潜力，开启了以不同类型绿色通道组成的"绿链计划"，包括步行绿色通道网络、自行车绿色通道网络和生态绿色通道网络三个层级。另外，伦敦 2030 规划（London 2030 Plan）明确了通过绿色基础设施战略应对环境挑战和社会挑战，要求对绿色基础设施进行综合规划、设计和管理，从横向、纵向、对外连接三方面出发考虑游憩路径的总体部署，对外设置 21 个郊野公园作为生态网络节点、2 条绿带作为抑制城市扩张的限定要素，对内根据不同类型的城市中心活动需求界定城区点状和线状的开放空间（图 4.1）。

●绿带
●大都市开敞地

图 4.1　英国伦敦绿带和大都市开敞地

4.2.2　美国绿色基础设施网络体系构建

1. 《大芝加哥都市区 2040 区域框架规划》

这一规划明确了选定不同区域层次中心、利用多种交通方式连接中心和保护核心区域源地的基本原则，从而建立了"中心—连廊—绿色空间"的绿色基础设施网络（图 4.2）。一是保护区域源地。规划划定了 7 个县 15 万英亩的区域重要源地，并不断扩大如森林保护区类的自然地带。二是扩增绿色连廊。连续的线性绿色连廊提供了跑步、骑行、划船等多种游憩活动的场所，承担了连接零散绿地的作用；还可以作为雨水自然过滤带和动物迁徙通道，发挥一定的生态作用。这个规划强化了绿色连廊的联通保护功能，提出了扩增两倍绿道规模的目标。三是提供开放空间。针对市民对开放空间日益个性化和多元化的需求，制定详细的计算公式将社区需求加以量化，以增加开放空间的服务效能。

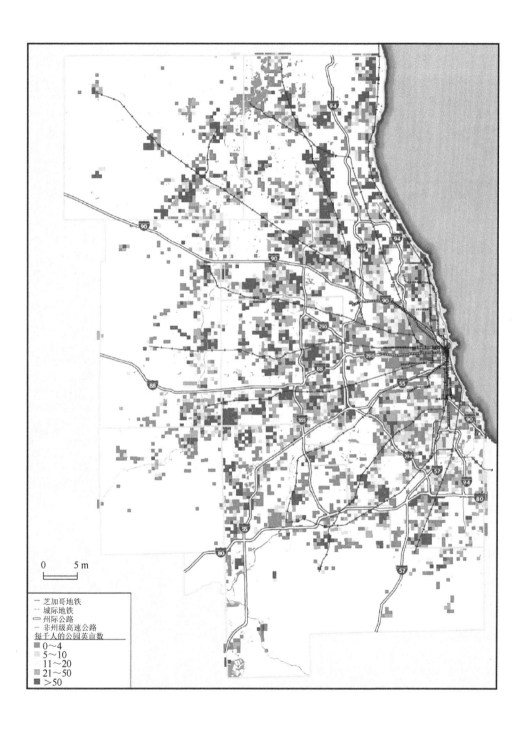

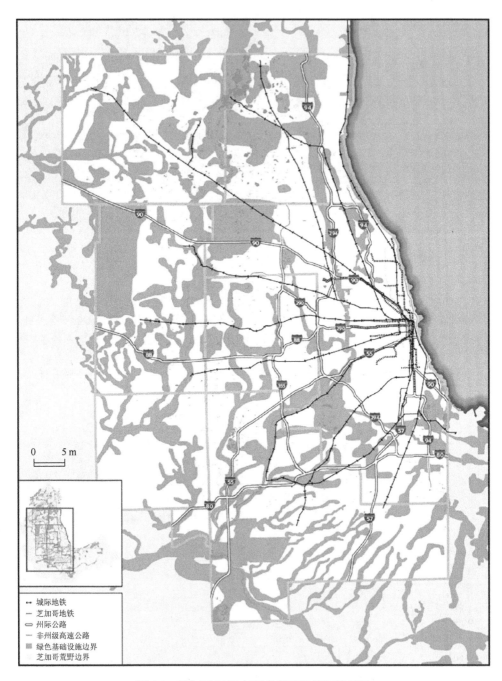

图 4.2　芝加哥 2040 年绿色基础设施网络规划

2. 旧金山绿色基础设施创新工程项目

绿色基础设施是一种雨洪管理工具,利用土壤和植物的自然过程缓冲和清洁雨水。绿色基础设施建设不仅能够减缓暴雨对城市老旧污水处理系统的冲击,还能优化自行车道和人行道的功能,美化邻里社区的景观环境,创造更多的公共休憩空间。污水渠系统改善计划(Sewer System Improvement Program,SSIP)共规划了 13 个绿色基础设施创新工程项目,意在减少暴雨时进入综合排污系统的水量,避免出现低洼地段局部洪涝,保护旧金山市海湾和太平洋的水质,其中最有代表的是 Mission & Valencia 绿道项目。这个绿道项目的建设内容主要包括若干个雨水花园的设置、对部分人行道进行可渗透化铺装改造,以及在地表铺装之下铺设渗透走廊。这几项措施确保了雨水在进入城市排水系统之前先被天然土壤充分积存、渗透和净化(图 4.3)。该项目还在 Mission 和 Valencia 街道上的若干街角建造了一系列新的广场,在局部增设街灯,并对道路断面进行再设计,使机动车道、自行车道和人行道得到更合理的划分(宫聪,2018)。

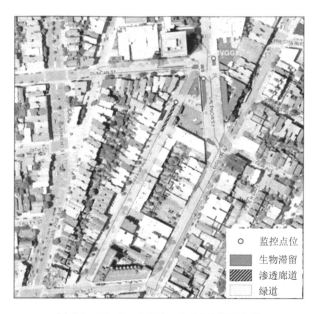

图 4.3　Mission & Valencia 绿道项目概览

4.2.3　日本绿色基础设施廊道规划建设

"东京 2050"提出纤维城市(fibercity)理念,基于全域视角整合绿地系统空间布局,实现大型和小型绿色廊道的同步设计,突破传统总体规划中"抓大放小"

的壁垒，形成一种既适用于旧城改造，也能应用在新区规划中的绿廊规划方案。依据绿廊的尺度和作用将其分为指状绿带、绿网、城皱和绿垣四种类型。其中，"指状绿带"是公共交通服务范围以外的大面积绿色区域，与公共交通服务范围以内的区域形成互补关系，起到维护公共交通生态环境的作用；"绿网"通过改造快速高架路形成立体绿色网络的休闲场所，满足居民日常活动需求；"城皱"是对历史地段如废弃运河等的绿化改造，通过修复历史文化的空间载体，延续地方居民的文化记忆；"绿垣"是利用高度分散化的毛细绿廊联通高密度地区的小型附属绿地，如居住区、商服用地和教育用地等小型附属绿地，利用网络化的织补方式，满足近距离游憩、休闲的社区日常功能需求。东京市纤维绿廊规划图及建成效果，如图 4.4 所示。

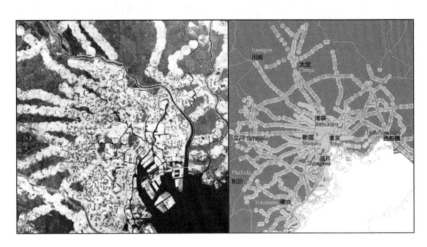

图 4.4　东京市纤维绿廊规划图及建成效果

4.2.4　新加坡绿色基础设施的实践应用

新加坡双溪布洛湿地保护区（Sungei Buloh Wetland Reserve，SBWR）位于新加坡西北部，面积大约为 161 hm²，拥有丰富的红树资源和野生动物物种资源。双溪布洛湿地保护区强调生物多样性保护和修复、娱乐价值、教育体验，将孤立的生物多样性小区串联起来形成生物多样性廊道，把对野生动植物及其生境的消极影响降低至可接受的程度，促进双溪布洛湿地、克兰芝自然小径和林厝港红树林形成更加健康的湿地生境（图 4.5）。同时，为新加坡公众打通克兰兹水库至双溪布洛的克兰芝自然步道，即打通双溪布洛与林厝港红树林之间的休闲廊道，特点是将螺式构筑物置于自然步道中，低潮时游客可与滩涂中的生物亲密接触（图 4.6）（魏帆，2021；胡庭浩和余慕溪，2022）。

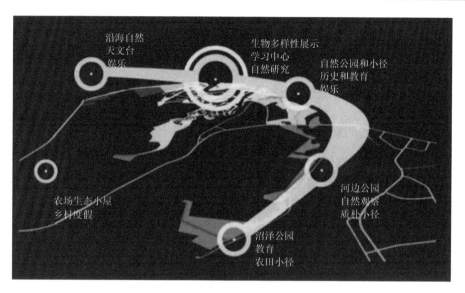

图 4.5　新加坡双溪布洛湿地保护区生物多样连接

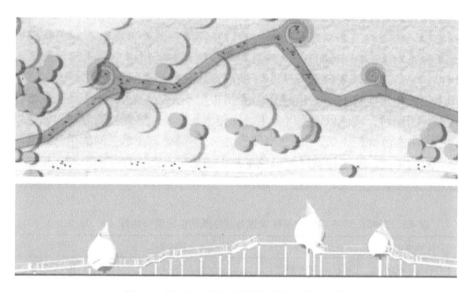

图 4.6　新加坡双溪布洛湿地保护区休闲廊道

4.3　我国绿色基础设施建设实践与典型案例

我国绿色基础设施建设实践在不断探索中，城市群、大城市、中小城镇等不同尺度区域的建设模式也不尽相同。城市群绿色基础设施格局呈现出与山体、河流湖泊等大型网络骨架相契合的布局形式；大城市主要依托绿道网络、郊野公园、湿地公园及绿地体系等斑块、廊道；中小城镇则结合已有的小型公园、绿地、河流水系等小型斑块进行绿色基础设施建设。

4.3.1　城市群绿色基础设施建设

1. 长江三角洲城市群

长江三角洲城市群位于长江的下游地区，地处中国东南沿海，是我国经济最活跃的地区之一。2019 年国家发展和改革委员会发布了《长三角生态绿色一体化发展示范区总体方案》，明确提出加强区域生态廊道和自然保护地建设，通过林地绿地、郊野公园、区域绿道串联，提升区域生态环境品质，构建以水为脉、林田共生、城绿相依的自然格局。经过各地区生态修复工程和生态建设的开展，绿色基础设施得到一定发展，但总体呈现数量变化不大、景观连通性下降、空间分布不均等。2000～2015 年，全区域绿色基础设施仅增加了约 138 km^2，占比 0.07%；作为生态源地的核心区流失 1089.65 km^2，灰色基础设施从内部蚕食是生态源地数量下降的主要原因（表 4.3、表 4.4）。支线的比例增加较多，占到 24.96%，导致不同生境斑块间的生态联系被切断、连通性降低。此外，城市群绿色基础设施的分布极不均衡，集中分布在区域南侧，即浙江的杭州市、湖州市、绍兴市、台州市、金华市以及安徽的安庆市、池州市、宣城市，而北侧江苏的南京市、常州市、无锡市、苏州市、南通市、泰州市、扬州市、盐城市以及上海市则分布较少（图 4.7）。南侧以核心区为主，廊道密集，景观连通性较好，而北侧以面积较小的生态源地、孤岛、支线、环道为主，不同生态源地之间的生态联系不够紧密。总的来说，浙江和安徽的绿色基础设施数量远高于江苏和上海，生态系统的稳定性和可达性也较好（钱晶，2020）。

表 4.3　2000～2015 年绿色基础设施与灰色基础设施转移矩阵（单位：km^2）

分类	绿色基础设施	灰色基础设施	合计
绿色基础设施	74 898.07	3 179.31	78 077.38
灰色基础设施	3 317.47	121 528.62	124 846.09
合计	78 215.54	124 707.93	202 923.47

表 4.4　2000～2015 年绿色基础设施各类型数量变化（单位：km^2）

分类	2000 年	2010 年	2015 年
核心	62 806.93	62 674.47	61 717.28
边缘	9 404.46	9 713.66	9 517.69

续表

分类	2000 年	2010 年	2015 年
孔隙	2 637.08	2 658.43	2 715.53
桥接	3 271.45	3 452.90	3 605.22
环道	872.88	909.57	981.40
支线	82.85	88.67	103.53
孤岛	1 045.10	1 083.46	1 120.72
灰色基础设施	126 485.78	126 095.21	125 743.42

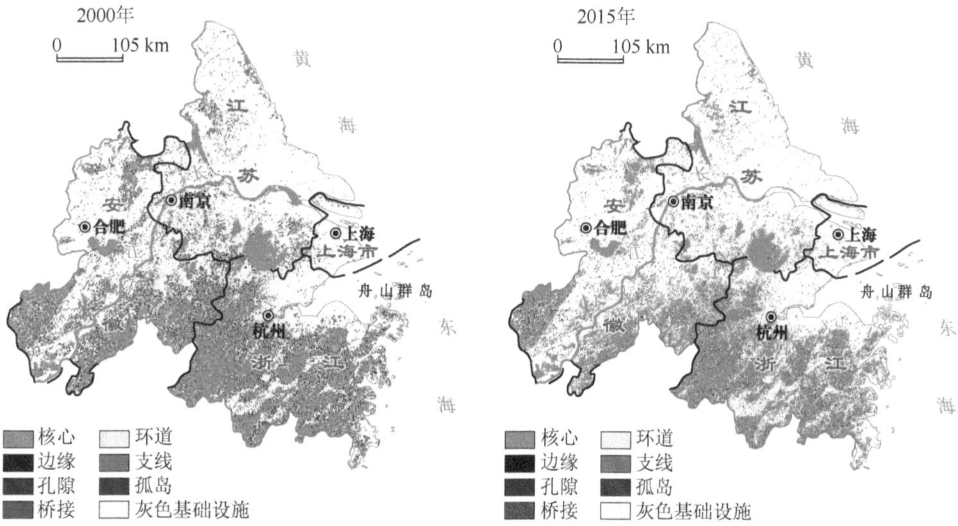

图 4.7　2000 年和 2015 年长三角城市群绿色基础设施空间分布

2. 京津冀城市群

京津冀城市群作为中国的"首都经济圈"，其快速的城镇化及高强度的城市扩张对土地利用类型改变强度大，对绿色基础设施建设提出了更高的要求，同时根据《全国主体功能区规划》，该区域被认定为国家层面优化开发区域，因此可通过研究京津冀地区的生态系统服务价值分异，划分生态系统服务分区，为制定土地发展政策提供依据（马程等，2013）。京津冀城市群 2005 年、2010 年、2015 年绿色基础设施生态服务价值的空间分布格局相似（汪东川等，2019）。热点区域集中分布在城市群北部、太行山及燕山等山地区域，环渤海湿地、白洋淀及衡水湖等内陆湖泊地区；冷点区域集中分布在平原地区及张家口市等高原区域（图 4.8）。京津冀北部以及太行山、燕山附近景观类型以林地为主，植被覆盖度高，人为干扰较少，生态系统服务价值较高，等级多为Ⅳ、Ⅴ类（赵江等，2016）；另外，由于河湖的水文调节功能及污染削减功能较强，生态系统服务价值较高，等级多为Ⅴ类（王蓓和陈青扬，2016）；东南及西北地区等级多为Ⅱ、Ⅲ类，单位面积生态服务价值较低，土地利用类型以耕地为主，各类生态系统服务功能相对较弱，水域、林地等生态用地的面积较少（Lin et al.，2018）。

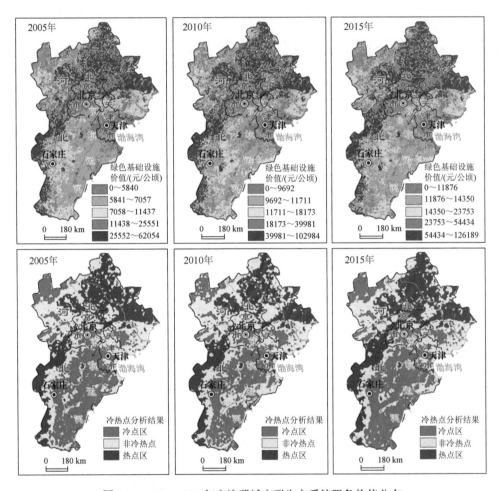

图4.8　2005～2015年京津冀城市群生态系统服务价值分布

3. 粤港澳大湾区

粤港澳大湾区与纽约湾区、旧金山湾区、东京湾区并称世界四大湾区，是中国经济活力最强的区域之一。经济社会的快速发展下城镇化空间、用地结构的变化对绿色基础设施发展产生较大影响，改变了生态系统的服务能力。2000～

2005 年间, 生态系统服务价值下降 2.36%, 占总下降量的 52.6%。但自 2005 年起, 广东省实行《广东省集体建设用地使用权流转管理办法》, 明确限制政府征用集体建设用于房地产开发的行为, 有效遏制了市场导向的城市扩张; 同时, 集体建设用地的流转促使农村居民向小城镇集中, 为旧村复耕提供了条件。2010 年, 广东省人民政府与环境保护部正式签署了《共同推进和落实〈珠江三角洲地区改革发展规划纲要 (2008—2020 年)〉合作协议》, 推动了产业升级和环保基础设施建设, 并采取了在珠三角区域内不再规划新建燃煤燃油电厂、禁止建设陶瓷厂水泥厂等高污染工厂等一系列措施, 有效遏制了珠三角地区的生态环境恶化。粤港澳大湾区的生态系统服务价值下降速度减慢且趋于稳定, 2005~2010 年和 2010~2015 年分别仅下降 1.05%和 1.08%, 供给服务、调节服务、支持服务和文化服务等生态系统服务均具有类似的变化趋势 (图 4.9), 生态保护措施初显成效, 人地关系逐步改善, 形成了 "两屏多核、两横四纵" 的生态安全格局 (图 4.10) (刘志涛等, 2021; 王秀明等, 2022)。

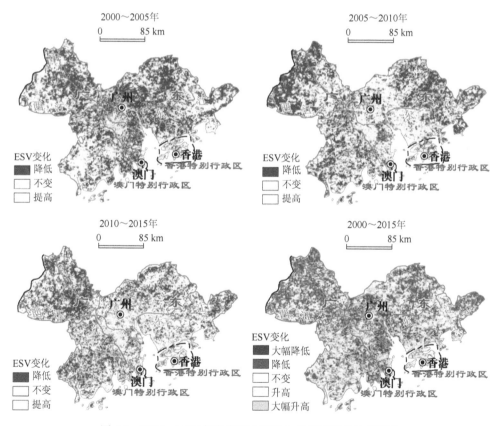

图 4.9 2000~2015 年粤港澳大湾区生态系统服务价值变化

ESV (ecosystem service value, 生态系统服务价值)

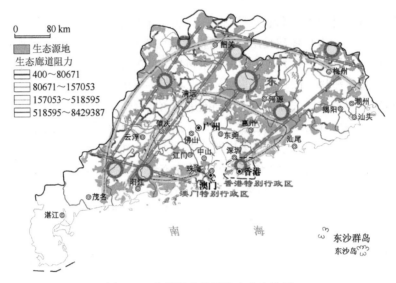

图 4.10　粤港澳大湾区生态安全格局

4. 辽宁中部城市群

辽宁中部城市群位于辽宁省中北部地区，是我国工业化和城市化进程较快的地区之一，也是环渤海经济区的重要组成部分。近年来，快速城市化使该地区城市景观和土地利用发生剧烈变化。2000~2019 年，辽宁中部城市群绿色基础设施总体呈增长趋势，由 2000 年的 170.28 km² 增长到 2019 年的 275.68 km²，增幅达 62%，但其占城市建成区比例在不断下降，由 25.73%下降到 19.72%，表明绿色基础设施增长总体滞后于城市扩张。从面积看，除沈阳市外的其余城市绿色基础设施面积呈波动增长，抚顺市从 2000 年的 9.46 km² 增加到 2019 年的 37.26 km²，增加近 3 倍；从占比看，沈阳市降幅最大，由 2000 年的 31.95%下降到 2019 年的 18.69%；2000~2008 年辽宁中部城市群波动上升，且其占比经历了较大波动，2008 年以后的变化则趋于平缓（图 4.11）。

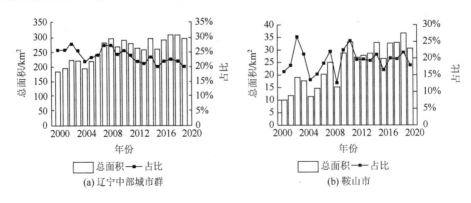

(a) 辽宁中部城市群　　　　　　　　　　(b) 鞍山市

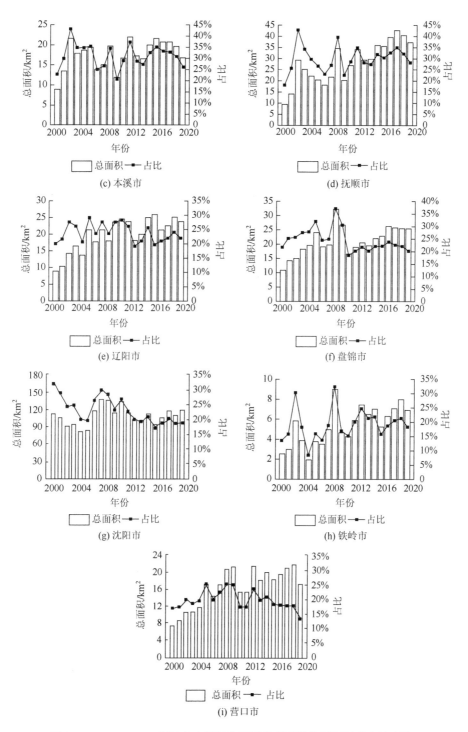

图 4.11　2000～2019 年辽宁中部城市群绿色基础设施面积及其占比变化

　　从景观类型比例构成看，2000～2019 年城市群的核心占比最大，20 年平均占比为 40.97%，成为占绝对优势的景观类型；其次为边缘（28.63%）、孤岛（10.79%）和分支（10.54%），而孔隙的占比最小，约为 0.76%。城市边缘是绿色基础设施变化较为剧烈的区域。随着城市化进程的加快，城市边缘向外围扩张，原城市边缘区的绿色基础设施逐渐成为城市内部景观，核心逐渐被蚕食并转化为其他类型或非绿色基础设施区域，核心斑块面积减少，斑块数量增多，景观趋于破碎化，其中以沈阳市、盘锦市和营口市等城市较为典型。也有部分城市如抚顺市、铁岭市、本溪市和辽阳市等，边缘绿色基础设施面积呈增加趋势，但新增的绿色基础设施景观破碎化程度较高（图 4.12）。

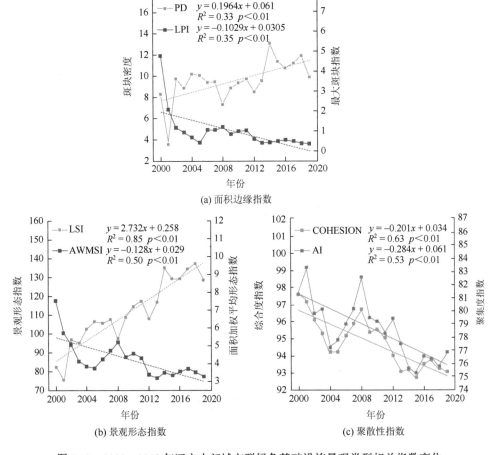

(a) 面积边缘指数

(b) 景观形态指数　　(c) 聚散性指数

图 4.12　2000～2019 年辽宁中部城市群绿色基础设施景观类型相关指数变化

PD（patch dendity，斑块密度）；LPI（largest patch index，最大斑块指数）；LSI（landscape shape index，景观形态指数）；AWMSI（area weighted mean shape index，面积加权平均形状指数）；COHESION 代表聚散性指数（patch cohesion index）；AI（aggregation index，聚集度指数）

5. 长株潭城市群

长株潭城市群位于湖南省中东部，湘江中下游地区，长沙市、株洲市、湘潭市三市城区构成的"品"字城市群组团核心区是居民生产、生活、生态联系最为紧密的区域，也是城市群生态空间优化和生态建设的关键区域。伴随着城市快速发展和城镇化程度不断攀高，城市群绿色基础设施呈现破碎化和多样化特征，影响到了物种到的迁移、生存和丰富度。从斑块看，数量逐年增加，由 1997 年的 1 113 210 块增加到 2017 年的 1 137 157 块，斑块的平均面积有所减少，密度由 1997 年 0.396 个/hm²增加到 2017 年的 40.485 个/hm²，越来越多的岛状斑块体出现。同时，林地斑块数量大幅增加，从 1997 年 82 361 个增加到 2017 年 93 533 个，而且速度不断加快。城镇村建设用地斑块个数逐年递减，减少到 2017 年的 452 968 个，密度下降到 0.161 176 个/hm²。从生态服务覆盖程度看，长株潭中心城区公园绿地 500 m 服务半径内，长株潭城市群的覆盖度为 62.1%，长沙市的覆盖度为 61.1%，株洲市的覆盖度为 67.0%，湘潭市的覆盖度为 62.4%（表 4.5）。郊区自然公园 10 km、20 km服务半径内，长株潭城市群的覆盖度分别为 57.72%和 91.22%，长沙市的覆盖度分别为 72.34%和 94.85%，株洲市的覆盖度分别为 45.56%和 84.87%，湘潭市的覆盖度分别为 44.37%和 94.01%（表 4.6）（李志华等，2019）。

表 4.5　长株潭中心城区公园绿地 500 m 服务半径覆盖度

单位	总居住用地面积/hm²	覆盖居住用地面积/hm²	覆盖度
长株潭城市群	47 783.9	76 949.2	62.1%
长沙市	30 565.2	50 025.3	61.1%
株洲市	10 985.5	16 392.4	67.0%
湘潭市	6 233.2	9 991.5	62.4%

表 4.6　长株潭城市群郊区自然公园服务半径覆盖情况

单位	自然公园服务半径覆盖范围内建设用地/hm²		自然公园服务半径覆盖范围内建设用地占总建设用地比例		总建设用地/hm²
	10 km	20 km	10 km	20 km	
长株潭城市群	204 609.6	323 337.1	57.72%	91.22%	354 464.8
长沙市	118 628.2	155 547.7	72.34%	94.85%	163 988.5
株洲市	56 184.3	104 661.8	45.56%	84.87%	123 323.1
湘潭市	29 797.0	63 127.6	44.37%	94.01%	67 153.2

4.3.2　大城市绿色基础设施实践

1. 深圳绿道网络体系建设

绿道是沿着滨河、溪谷、废弃铁路、沟渠等自然或人工的开敞空间建立的景观路线，它兼具保护和连接两大特征，是公园、自然保护地和高密度集聚区等的纽带。借鉴国际绿道建设的先进经验，深圳构建了"区域—城市—社区"三级绿道网络体系，即300 km区域绿道、50 km城市绿道、1200 km社区绿道，形成互为表里、相互补充的绿色空间管制网络。其中，区域绿道主要由具有生态隔离、防护功能的生态绿化走廊组成，在宏观层面上为生态系统的支撑和区域环境的保护服务；城市绿道主要为廊状公路、河流和高压走廊等线性要素，在中观层面上连接城市的功能组团，并具有一定的交通辅助功能，进一步锚固城市的生态骨架；社区绿道具有体量小，规模庞杂等特点，通常结合非机动车道或者慢行步道建设，用于微观层面连接社区公园、游园等（图4.13）。深圳绿道网络体系以线状要素为主导，强调服务的高效性与公平性。通过对现状要素进行分类分级，实现对整体的网络衔接和多元复合的功能叠合。一方面，在核心要素得以保护的前提下，叠合休闲游憩、科普教育、历史文化等功能；另一方面，注重与区域绿地、居住组团、道路等的密切配合，完善城市慢行交通体系结构。

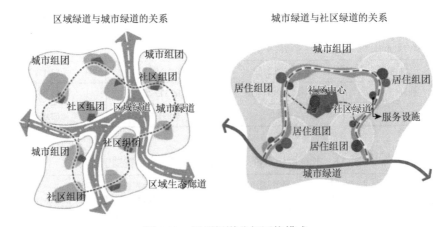

图4.13　深圳绿道分级网络模式

2. 香港的郊野公园建设

香港划定郊野公园是为了有效保护和利用城市生态空间，同时为市民提供户外教育和康养娱乐场所。截止到2022年11月已建成24个郊野公园，面积达434.55 km^2，占香港总面积的39.98%，所处区域涉及山岭、丛林、水塘和滨海地带等多种用地（图 4.14）。市民可在郊野公园中开展家庭旅行、远足健身、烧烤露营等活动，同样也能开展自然护理和教育活动。郊野公园的功能内涵和形态组织主要受《香港初步城市规划报告》《郊野公园五年发展计划（1972～1977 年）》《郊野公园条例》《全港发展策略检讨》《香港 2030：规划远景与策略》《香港 2030+：跨越 2030 年的规划远景与策略》等空间政策的叠加影响。香港的郊野公园建设总体历经了四个阶段。一是以维系本土生态底线为目的，初步设计生态屏障，形成"一带六点"的空间表征；二是确定法定地位，初步奠定数量、面积和空间格局的基本框架；三是实施精细化的规划政策，细设群组形态和用地边界；四是指引功能复合化和新增弹性空间，丰富市民日常活动项目（舒平和刘梦珂，2019）。

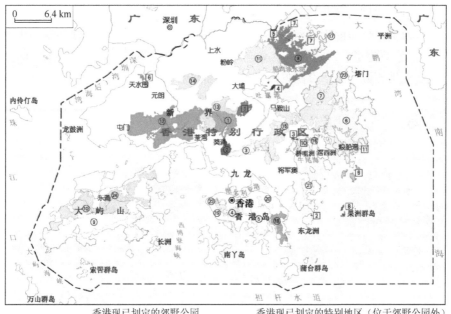

香港现已划定的郊野公园　　　　香港现已划定的特别地区（位于郊野公园外）

编号	地点	面积/hm²	编号	地点	面积/hm²
①	城门	1400	⑬	大帽山	1440
②	金山	339	⑭	林村	1520
③	狮子山	557	⑮	马鞍山	2880
④	香港仔	423	⑯	桥咀	100
⑤	大潭	1315	⑰	船湾（扩建部分）	630
⑥	西贡东	4494	⑱	石澳	701
⑦	西贡西	3000	⑲	薄扶林	270
⑧	船湾	4600	⑳	大潭（鰂涌扩建部分）	270
⑨	南大屿	5646	㉑	清水湾	615
⑩	北大屿	2200	㉒	西贡西（湾仔扩建部分）	123
⑪	八仙岭	3125	㉓	龙虎山	47
⑫	大榄	5412	㉔	北大屿（扩建部分）	2360
				总面积	43467

编号	地点	面积/hm²
①	大埔滘自然护理区	460
②	东龙洲炮台	3
③	蕉坑	24
④	马屎洲	61
⑤	荔枝窝	1
⑥	香港湿地公园	61
⑦	印洲塘	0.8
⑧	果洲群岛	53.1
⑨	瓮缸群岛	176.8
⑩	桥咀洲	0.06
⑪	粮船湾	3.9
	总面积	844.66

图 4.14　香港郊野公园分布

3. 广州海珠国家湿地公园建设

广州海珠国家湿地公园位于广州中心城区海珠区东南隅,地处广州新中轴线南端,总面积 1100 hm²,内部有独立的水网系统,被誉为广州"绿心",具有雨洪调蓄、引水补水、生态修复、休闲旅游等功能,形成了中心城区独特的集江、涌、湖、园、林于一体的江岛生态系统。广州市于 2012 年提出以海珠湿地为核心构建海珠生态城,并将绿色基础设施理念运用于海珠湿地公园的规划设计中。在宏观战略上,海珠湿地规划是将孤立的湿地斑块融入城市绿色基础设施网络体系中。1999~2010 年,海珠湿地规划强调果林生态建设,2012 年划定海珠湿地保护控制线,并将海珠湿地与珠江三角洲 6 条绿色廊道相连接。2022 年《广州市海珠区生态环境保护"十四五"规划》,提出到 2025 年,"以海珠湿地为生态核心、'江、涌、湖、林、园'为生态骨架的生态网络体系不断完善",宏观层面形成以海珠湿地为"网络中心"、水系廊道和绿道为"生态连接廊道"的绿色基础设施生态网络空间。珠三角地区湿地资源分布示意图见图 4.15(张晶等,2016)。

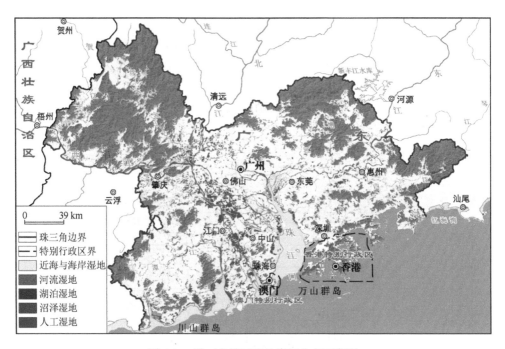

图 4.15　珠三角地区湿地资源分布示意图

4. 成都市碳汇绿地体系建设

成都市东部新区总面积 870.23 km²,拥有"一山侧立,浅丘连绵"的地质形态，西侧为龙泉山，东侧以连绵浅丘为主，总体呈现田林交织的特征。林地主要分布在龙泉山和星罗棋布的丘陵之中，且大部分区域为丘陵地形，依山融丘是该区域的重要地形特征，构建"双城一园、一轴一带"的空间布局（图4.16）。其中，"双城"即空港新城、简州新城；"一园"即天府奥体公园；"一轴"即沱江发展轴；"一带"即金简仁产业带。《成都东部新区空间发展规划》指出东部新区将基于优良生态本底，以龙泉山和沱江为生态骨架，保护并修复河湖水网，形成渗透全域的生态绿楔和网络化生态廊道，构建"一山一水三廊多湖"生态格局，塑造"山水公园城、时尚新天府"的总体城市风貌。东部新区基于既有的国土空间用途管控，充分发挥城市绿地的碳汇能力的基础上，构建城市内外一体的碳汇绿地体系，提升东部新区的碳汇水平（闵希堂等，2019）。

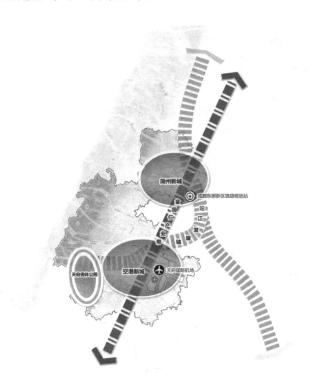

图 4.16　东部新区国土空间保护格局图

4.3.3　中小城市绿色基础设施案例

1. 宝鸡市绿色基础设施网络规划

渭河南部台塬区位于宝鸡市南侧和秦岭北麓，面积 105 km^2，是秦岭北麓自然保护区的门户，生态环境资源丰富但相对脆弱，城市建设对生态环境系统持续稳定有一定影响。该区域绿色基础设施网络规划体现在：优化空间格局和用地形态，避免规划区无序发展所带来的城市生态损失和土地资源的浪费，引导规划区合理有序发展；建立以绿色基础设施网络为载体的城市生态环境支持系统，构建生态安全体系和格局，引导城市健康持续发展；保护关键性的生态廊道和斑块，形成特有的生态系统格局，发挥其高效的生态服务功能；明确绿色基础设施网络生态功能，从而反控城市建设用地的使用性质和开发强度，为合理利用土地资源提供依据；促进区域内的城乡关系整体协调，引导村镇合理建设和农村经济转型；形成以结构性廊道为依托，"三横五纵"的城市绿色基础设施网络格局（图4.17）（颜文涛等，2007）。

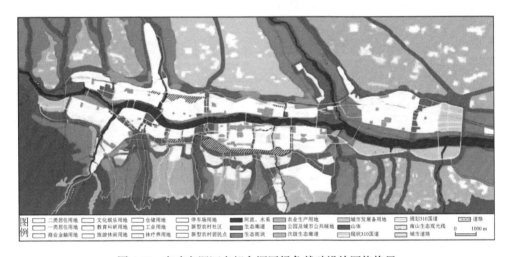

图4.17　宝鸡市渭河南部台塬区绿色基础设施网络格局

2. 海宁市盐仓公园设计

海宁市盐仓公园位于海宁市长安镇的老盐仓区块，东邻海盐县，南濒钱塘江，西接杭州市余杭区、江干区下沙，北连桐乡市、嘉兴市秀洲区。基于对场地现状的分析以及绿色基础设施理念的指导对公园进行总体设计，综合考虑对雨水的调节、处理，串联场地内部众多分散的水塘、水系，以人工湿地为中心构建具有基础设施功能的公园海绵体，提升公园生态承载力；在内部通过多种绿地形式的营造，丰富公园的景观空间环境，并为生物提供集湿地、滨水、林地、田园等多样生境，以此维护公园生态多样性；通过文化广场、文化走廊的设计，彰显公园所在小城镇的历史文化特色，设计各类活动空间以及活动形式，发挥运动休闲、科普教育、游憩观赏等多种文化服务功能，激发公众参与互动活力，并以低碳设计促进公园的可持续发展（图4.18）（王冰意，2018）。

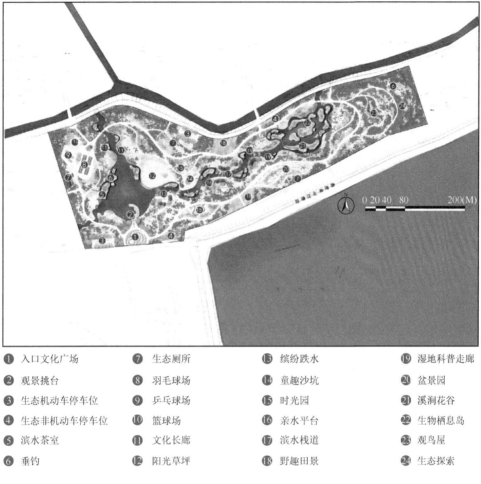

❶ 入口文化广场	❼ 生态厕所	⓭ 缤纷跌水	⓳ 湿地科普走廊
❷ 观景挑台	❽ 羽毛球场	⓮ 童趣沙坑	⓴ 盆景园
❸ 生态机动车停车位	❾ 乒乓球场	⓯ 时光园	㉑ 溪涧花谷
❹ 生态非机动车停车位	❿ 篮球场	⓰ 亲水平台	㉒ 生物栖息岛
❺ 滨水茶室	⓫ 文化长廊	⓱ 滨水栈道	㉓ 观鸟屋
❻ 垂钓	⓬ 阳光草坪	⓲ 野趣田景	㉔ 生态探索

图 4.18　海宁盐仓公园设计平面图

3. 迁安市三里河生态走廊建设

三里河生态走廊位于河北省迁安市东部的河东区三里河沿岸，占地 140 hm²，为一带状绿地公园（图 4.19）。为综合解决河道清污、生态重建、居民休闲健身、遗产保护与利用、再现历史文化等问题，三里河生态走廊有机结合了截污治污、城市土地开发和生态环境建设等多项任务，采用生态设计理念和现代设计语言进行造景，以生态修复为首要目标，尊重自然过程，提倡乡土之美、野草之美和低碳景观理念，沿绿带建立了供通勤和休闲使用的步行和自行车系统，与城市慢行交通网络有机结合，展现了景观作为生态系统综合生态服务功能的提升，以及绿色基础设施和日常景观的结合。建成后的生态廊道具有调洪抗旱、提供栖息地、丰富生物多样性等多重功能，促进了当地生态的可持续发展（姚晔和刘迪，2013）。

图 4.19　迁安市三里河生态走廊 3D 模型

实 证 篇

第 5 章　研究区域选择：南京市概况

随着"绿色南京"建设的推进，南京市不断加大生态系统保护力度，建成区绿化覆盖率、人均公共绿地面积位居前列，绿色基础设施建设取得一定成效，但实践中仍存在被无序占用、发展不均衡、管理不完善等问题。南京市的绿色基础设施格局优化具有典型性和代表性，可为其他经济发达地区提高城市现代化水平提供参考。

5.1　区　域　概　况

5.1.1　地理区位

南京古称金陵，位于长江下游地区，为江苏省省会，地处北纬 31°14′～32°37′，东经 118°22′～119°14′，市域面积 6587.02 km²，2020 年末全市常住人口 931.47 万人，辖玄武、秦淮、鼓楼、建邺、栖霞、雨花台、浦口、六合、江宁、溧水、高淳 11 个区（图 5.1）。南京是国家区域中心城市，长三角向外辐射带动中西部地区发展的国家重要门户城市，也是南京都市圈的核心城市、长三角地区特大城市、长江经济带与沿海经济带交会的重要节点城市。境内形成以岗地为主、平原、洼地、洲地、低山和丘陵为辅的地貌综合体，岗地、低山、丘陵、平原与河流湖泊分别占全市总面积的 53%、3.5%、4.3%和 39.2%，地貌类型的多样化决定了城市土地利用方式的多样性和多宜性。全域江河湖塘水网交织，山水林城融为一体、江河湖泉相得益彰是南京城市风貌特色。近年来，随着城市现代化建设的不断推进，南京不断加大主城更新改造与副城、新城建设，城镇建设日趋完善，综合功能和基础设施逐步完善，然而人类活动与生态环境间的矛盾也日渐突出。

5.1.2　社会经济发展

1. 经济总量持续提升，产业结构不断优化

南京市经济总体保持增长，但增速逐步放缓，到 2020 年实现地区生产总值

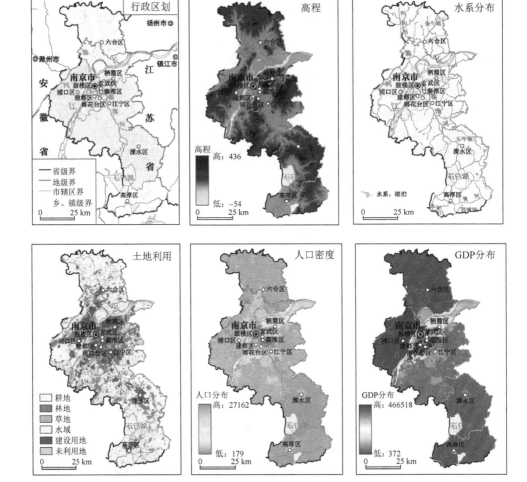

图 5.1 南京市行政区划及 2020 年自然、社会发展概况

14 817.95 亿元，较 2000 年增长 12.8 倍，但 GDP 增速由 2000 年的 12.30%下降到 2020 年的 4.60%（图 5.2）。产业结构优化成效明显，到 2020 年调整为 2∶35.19∶62.81，第一产业和第二产业较 2000 年分别下降了 3.36 和 10.63 个百分点，第三产业增加了 13.99 个百分点。其中，第一产业由以种植业和牧业为主向农、林、牧、渔业全面均衡发展；重工业占比仍然较高，轻工业总体下降；第三产业以批发和零售业、金融业、交通运输仓储及邮政业、房地产和住宿餐饮业为主体，高技术服务业和科技服务业稳步增长。南京市 2000 年、2010 年、2020 年各区经济发展状况如表 5.1 所示。

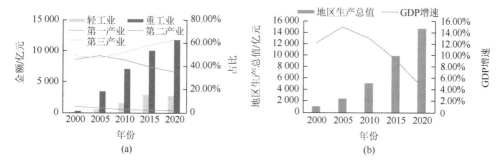

图 5.2　2000～2020 年南京市经济总量与产业结构变化

表 5.1　南京市 2000 年、2010 年、2020 年各区经济发展状况

行政区	GDP/亿元			固定资产投资/亿元		
	2000 年	2010 年	2020 年	2000 年	2010 年	2020 年
玄武区	12.01	372.82	1 108.66	13.53	91.60	152.28
秦淮区	20.73	466.32	1 286.60	20.79	162.41	247.61
建邺区	8.32	237.96	1 121.53	13.91	175.89	460.54
鼓楼区	15.47	608.88	1 772.60	25.08	185.54	297.06
浦口区	38.86	369.10	443.57	12.38	410.00	903.68
栖霞区	15.52	681.11	1 569.15	14.01	290.84	552.23
雨花台区	29.77	214.87	947.14	18.16	214.18	318.04
江宁区	101.34	678.58	2 509.32	36.66	630.00	807.80
六合区	49.68	575.99	514.39	14.69	455.04	627.69
溧水区	38.27	250.16	911.51	10.53	224.53	383.56
高淳区	37.33	247.26	513.13	9.80	190.11	211.77

2. 常住人口稳定增长，城镇化率持续提升

根据第七次人口普查，南京常住人口超过 931 万人，居住在城镇的人口超过 808 万人，占 86.80%。户籍人口和常住人口总体保持稳定上升，与 2000 年相比，2020 年分别增加了 33.17%和 51.58%，南京已成为长三角区域人口数量仅次于上海和杭州的特大城市，并向超大城市发展。净流入人口持续增加，由 2000 年的 5.5 万人增加到 2020 年的 69.96 万人，增幅达到 1172%。自 2005 年至 2020 年，全市城镇化率持续上升，增长了 10.56 个百分点，超过国家平均水平 20 个百分点，是江苏省城镇化率最高的城市。随着南京市主城区进一步向外扩张，副城、新城的综合功能和基础设施得到进一步改善和完善，人口呈现出从老城区向副城、新城和新市镇转移和疏解的趋势（图 5.3）。

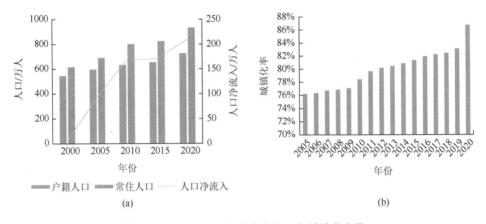

图 5.3　2000～2020 年南京市人口与城镇化变化

5.1.3　生态环境状况

1. 生态资源丰富

南京拥有良好的生态环境基础，山丘、平原、江河、湖泊、湿地交错分布，地理风貌独特。拥有紫金山国家级风景名胜区，雨花台、夫子庙秦淮风光带省级风景名胜区，以及栖霞山、幕燕等市级风景区，由国家、省批准设立的森林公园包括紫金山、老山、无想山国家森林公园，牛首山等省级森林公园。根据第三次国土调查数据，南京市耕地和林地分别为 14.45 万 hm^2 和 15.51 万 hm^2。长江岸线总长 280.82 km，主江岸线长 186.55 km，由新济洲、新生洲、子母洲、梅子洲、八卦洲等岸线组成。总岸线中生产、生活、生态岸线比例为 15.0∶5.3∶79.7。地处亚热带北部，良好的自然条件孕育了丰富的生物资源和独特的山水城林景观。森林资源丰富，落叶阔叶林与常绿阔叶林混合生长。第三次国土调查数据显示，南京湿地面积达 1602.31 hm^2。截至 2018 年，南京已有新济洲国家湿地公园和绿水湾、八卦洲、上秦淮、固城湖 4 处省级湿地公园等。根据《南京市湿地保护规划（2018—2030 年）》，南京计划新建溧水东屏湖、六合池杉湖、六合兴隆洲、长江（鱼嘴）4 处省级湿地公园，同时还将新建石臼湖小天鹅湿地自然保护区。已发现 58 种矿产资源，地热资源比较丰富，拥有汤山和汤泉两个地热田。依托丰富的生态资源，南京市于 2013 年成功创建国家森林城市，2016 年获得"国家生态市"的称号。

2. 生态管控严格

南京市严格落实生态空间保护区域刚性管控，科学划定并严格管控生态保护红线和生态空间保护区域。根据《江苏省生态空间管控区域规划》，南京市共划定生态空间保护区域 107 块，总面积 1410.56 km^2，占全市总面积的 21.58%。其中，国家级生态保护红线 527.50 km^2，主要包括自然保护区的所有区域，以及森林公园、湿地公园、饮用水水源地保护区、重要湿地和水产种质资源保护区的核心区域；省级生态空间管控区域面积 1198.25 km^2，主要包括风景名胜区、森林公园、生态公益林、地质遗迹保护区、湿地公园、饮用水水源地保护区、洪水调蓄区、重要水源涵养区、重要渔业水域、重要湿地、清水通道维护区、水产种质资源保护区等。为强化生态红线的保护力度，南京市先后颁布《南京市生态红线区域保护监督管理和考核暂行规定》《南京市生态保护补偿办法》等条例与办法，持续开展"绿盾"自然保护地监督检查专项行动，强化自然保护地生态环境监管。

5.2　城市空间结构演变

　　南京市经历了长期历史演化，城市空间扩展迅速，各种要素的集聚与扩散对都市地域景观再造产生了重要作用。南京的基础设施建设随着城市空间结构演变日趋完善，绿色基础设施作为提供生态系统服务功能的重要基础设施，其格局演变受到城市空间结构的重要影响。

5.2.1　古代城市空间形成与结构演变

　　由于技术相对落后，山脉纵横、水系发达等自然因素客观制约了古代城市建设，古代城市往往离不开山水等自然要素。在以农耕文明为主的古代社会，自然要素不仅给古人提供必要的物资供给，也庇护古人不受外界侵袭，有利于生息繁衍。因此，早期中国古代城市的发展就离不开绿色基础设施的支持。

　　南京建城有证可考的历史可追溯到春秋战国时期。春秋后期，吴王夫差在现今的朝天宫后山上建立冶铁作坊，铸造兵器，取名为冶城。这是最早出现于南京的一座土城。之后，越王勾践灭吴，范蠡在秦淮河畔今中华门外长干桥西南的高地上修筑了一座较大的土城，被称为越城，为南京建城之始。其后，楚灭越，在今清凉山上设金陵邑。虽然秦汉时期南京城市已有雏形，但是城市建设仍处于缓慢发展阶段。

　　东汉晚期开始，南京历史进入了飞跃发展的阶段，孙吴政权定都于此，东晋、南朝继之，南京迅速成为长江以南的政治、经济和文化中心。三国期间，孙权迁都建业，布局依照周礼思想，用地依自然地势发展。以石头山、长江险要为界，依托玄武湖防御，皇宫位于城市南北的中轴上，重要建筑以此对称布局。东晋建立后，建业改名为建康。在当时，南迁人口大量增加，城东沿着青溪外侧开辟出新的居住区，为保卫建康在四周建设若干小城镇军垒。建康大体沿用东吴建业旧城，西起石头城，东至倪塘，北过紫金山，南至雨花台，东西南北各二十公里的区域，地域结构逐渐演变为内外两层的布局（图5.4）。公元937年，南唐正式定都，摆脱了六朝建康城的框架向南迁移，地域结构演变为内外两层的布局，前依聚宝山（雨花台），后枕鸡笼山，东望钟山，西凭清凉山。南唐期间，南京城的地域范围进一步扩大。由于南唐经济更加繁荣，城市地域结构进一步完善，城内新辟了东门（大中桥）和南门（中华门）等环建康的城镇聚落陆续发展成居民区和商业区，并逐渐连接成片。

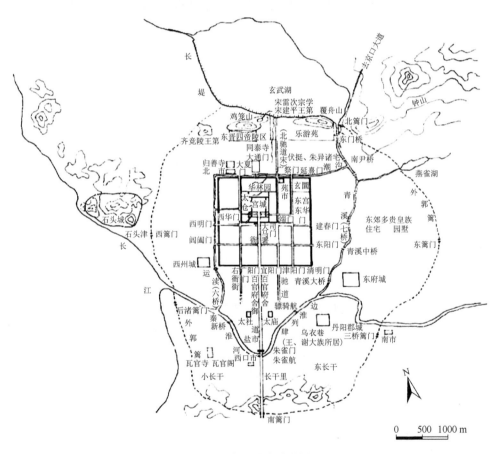

图5.4　南朝建康城地图

1368年明太祖朱元璋定都南京，南京城市发展进入鼎盛时期。明太祖历时三十余年建成了世界上规模最大的用砖石砌筑的都城城墙，南京成为当时世界上最大的城市。明南京城空间结构为四重环套配置，从内至外为宫城、皇城、京城和外郭。明城墙三面依山傍野，一面依傍长江，为加强南京城防而筑。这座范围广阔的明代初年都城，不但将前朝的越城、金陵邑城、六朝时期的建康城和南唐金陵城包括在城内，城中还分布石头、马鞍、四望、街子、鸡笼、覆舟、龙广诸山。由于南京位于长江岸边的丘陵地区，山、河及地形复杂，因而城市呈不规则状（图 5.5）。明城墙圈定的范围一直以来对南京的城市空间发展都有很大的影响。

图 5.5　明代南京图

5.2.2　近现代城市扩张及其结构演变

　　1927 年，国民党政府在南京建都，南京再次成为政治中心，民国南京城市的整体空间格局基本延续了明清时期，总体表现为"市南宫北"的空间结构特征，即城东与城中主要为皇城和各衙署分布区，城北为军事防御区，城南为各阶层的住宅区，其范围东起东钓鱼巷分驻所（今大中桥），西至水西门分驻所（今水西门），南达中华门分驻所（今中华门），北抵珠江路分驻所（今珠江路北）（徐旳和朱喜钢，2008）。城南区域是南京城市居民最为稠密的地区，同时因秦淮河沿岸便利的水运交通条件和良好的居住生活环境，一直是南京城市经济发展的核心区域。虽自 1929 年南京开始进行大量城市建设，将商业中心调整到新街口，形成 1936 年的南京市经济重心的转移，但城南的经济发展与集聚程度历史久远，故其仍是南京的经济中心，同时居住与人口集聚的中心也仍在城南（王慧等，2015）。

　　中华人民共和国成立初期由于时事剧变，南京城市空间经历了一次较大的振荡，从 1950 年到 1951 年城市人口急剧回落，1951 年达到最低点。与全国同期其他大城市人口快速增长的情况正好相反，主要是因为解放初期不少中上层人士外迁（包括移居海外）以及无业农民回乡生产、学生参军参干、工人支援内地等。这一时期，南京的城市空间明显趋于收缩，城市形态显得十分松散，城区内留有大量菜田和空地，据考察，当时的形态紧凑度较低（图 5.6）。1951～1965 年是南京城市空间扩展较为迅速的时期，一方面全市人口年均增长率为 2.7%，城市人口明显增加；另一方面，重化工业投资项目在主城之外的近郊落户使南京城市空间进入大规模扩展阶段，大量通勤人口使郊区铁路与公交线路延伸至郊外，城市的南北向伸展轴大幅拉长。江北的重化工业基地得以发展，栖霞的化学建材工业区得到扩充，市区内的工厂企业也雨后春笋般地涌现。这一时期，南京的空间扩展集中表现为工业用地的大幅度增加，而居住用地扩展较慢。主城区内通过内部改建与扩建，原有的菜田与空地逐渐被填充，城市紧凑度明显上升，至 1965 年时城市形态紧凑度指数有所增加（朱振国等，2003）。

　　1970 年尤其是 1978 年后，回城人口逐渐形成高峰，这一明显的人口波动给南京城市空间结构带来很大的震动，主城区内的人口居住密度大幅上升。临时住房的乱搭乱建打破了原有居住空间相对均质的格局，在局部区域开始出现不适当的集中。为安置回城青年就业而大批兴建街道工厂，挤占了原本紧张的居住用地。这一时期由于受秦淮河"门槛"的限制，南京城西地区的土地未曾利用。因此，城墙以内的空间集中程度大大加强，但因工业生产的原因，城市伸展轴沿长江向下游推进的趋势也很明显：板桥至龙潭的轴线已达 40 km，从燕子矶到安德门的

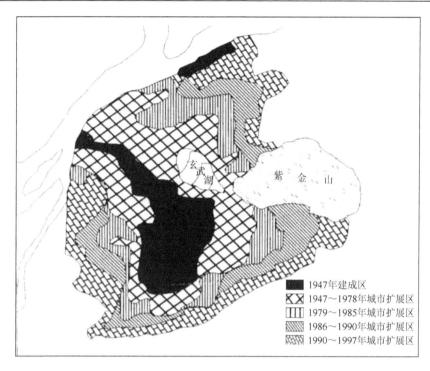

图 5.6 不同历史时期的南京城市扩展区分布

轴线也已超过 20 km，同时，长江北岸的浦口三镇成为主城区一部分，使南京的城市形态再次趋向于分散。

1980 年以后受改革开放的影响，以安置城市居民住房为主的城市扩张与改造工作开始启动。以城南南湖小区为标志的大型居住小区的建设和城北江边的金陵小区的建设，使城市南北向的伸展轴得到充实，其后河西地区的开发也逐渐形成规模。同时，长江以北的工业区建设以及城北商业副中心的建设等，使南京迅速向多中心大都市的结构演化。从南京城市形态的演变历史看，从 20 世纪 50 年代初期至 20 世纪 80 年代末期，南京城市空间形态经历了一个比较分散到比较紧凑、更为紧凑后又趋向于相对分散的总体过程。进入 20 世纪 90 年代以后，由于城市的南北轴线并未有大的改变，而东西轴线得以较大伸展，整个城市紧凑度明显趋于提高，但随着城南江宁新区的迅速发展以及城东仙西地区的开发，城市空间紧凑度又略有下降。随着南京市城市总体规划的编制与实施，尤其是南方谈话后，南京的城市建设进入了高速增长期。1994 年进行了行政区划的调整，南京城区的面积从 76.4 km^2 扩展到 186.7 km^2。随着产业结构的调整与城市规划的实施，城市中心工业污染企业等开始搬迁，旧城改造、新兴住宅小区的建设、河西地区的开发等逐步推进，城市建成区在 20 世纪 90 年代以每年 3.2 km^2 的速度向外扩展。

　　总体上，南京在 20 世纪的空间演变与历史时期、政策变化有着较大关联。在这一时期，城市空间结构的演变主要受到人口迁移与工商业发展的影响。与古代南京城市建设受到自然因素限制不同，近现代南京城市建设是伴随着现代文明引进的工业化和城市化发展的，绿色基础设施建设对城市空间结构的影响较小，但由于无序开发，绿色基础设施的连通性和生态系统服务价值都受到了极大影响。

5.2.3　21 世纪以来城市空间结构演变

　　进入 21 世纪以来，可持续发展理念开始进入到城市建设中，城市空间结构越来越受到环境保护和生态修复任务的影响。城市空间结构演变主要分为三个阶段。

　　第一阶段为 2005～2010 年，南京市城市空间总体规划范围为市域—都市发展区—主城，将都市发展区作为城市化重点推进的地区和拉开城市发展框架的主要空间，提出"以长江为主轴，以主城为核心，结构多元，间隔分布，多中心，开敞式的都市发展区空间格局"。同时对城镇布局结构进行完善，为突出发展重点，将都市发展区内城镇结构调整为"主城—新市区—新城"，确定了东山、仙西和江北三个新市区。在现行外围城镇的基础上，将发展缓慢、后劲不足的西善桥调整为重点城镇，去掉了位于主城上风向和生态廊道内的沧波门；为给未来发展留下余地，增加玉带和乔林作为新城发展备用空间；在城镇职能方面也进行了调整，更加注重主城新区开发、综合功能提升和环境、交通、城市空间特色的塑造。

　　第二阶段为 2010～2020 年，城市空间结构转向集约化利用土地，集聚程度和斑块范围均显著扩大。南京市为贯彻落实创新、协调、绿色、开放、共享的新发展理念，认识、尊重和顺应城市发展规律，坚持经济、社会、人口、环境和资源相协调的可持续发展战略，建设资源节约型和环境友好型城市，南京在江南主城的基础上向外圈层式扩张，疏解主城人口与功能。江北新区在 2015 年成为国家级新区，南京空间结构形成"一主、一新、三副城"的市域多中心空间发展格局。整个城市在长江阻隔下形成江南、江北两大板块。其中，江南主城和江北新主城组成了中心城区，是南京中心城市功能和就业活动的主要承载区，而六合、溧水、高淳 3个副城生态环境优越且具备一定居住功能，是市域休闲、游憩活动的集聚地。

　　第三阶段为 2020 年以后，城市空间结构计划将南京市从"东部区域中心城市"升级为"国家中心城市"，形成"南北田园、中部都市、拥江发展、城乡融合"的空间格局，再一次明确"拥江发展"重大战略，同时提出构筑"一江两岸、联动发展"的拥江格局，将长江两岸划分成"绿色生态带、转型发展带、人文景观带、严管示范带"。在长江生态保护与绿色发展规划引导方面，河西中心和江北中心成为长江两岸的发展核心。拥江发展主要就在河西与江北两岸之间展开。在城乡体系方面升级为"一主、一新、三副城、九新城"的新格局（图 5.7），发挥好南京作为

"一带一路"节点城市、长江经济带重要枢纽城市、长三角城市群西北翼中心城市、扬子江城市群龙头城市和南京都市圈核心城市的重要作用，以城市群为主体形态，不断加强省会城市功能建设，提升城市首位度，服务和带动区域发展。

在这一时期，城市空间结构受到两方面的影响：一方面，城市人口继续不断增长，同时前期不合理的城市开发与布局的负面影响开始显现，南京出现了城市水体质量下降、大气污染严重、城市热岛效应明显增强、城市交通拥堵等"城市病"，生态环境质量的下降明显影响了城市居民的福祉和健康；另一方面，国家层面陆续提出可持续发展、科学发展观，尤其是生态文明建设和新型城镇化等国家战略，倒逼地方政府转变先前经济发展压倒一切的模式，开始注重城市环境与生态建设。在国土空间用途管控中，绿色基础设施作为重要的基础设施，对于合理改善城市空间结构起到重要作用。

图 5.7　南京市域及中心城区的总体空间格局

5.3　绿色空间格局变化

　　绿色空间是由园林绿地、城市森林、立体空间绿化、都市农田和水域湿地等构成的绿色网络系统，具有调节气候、净化环境、维持生物多样性及改善公众健康、提供休闲娱乐场所等多重功能（李锋和王如松，2004）。随着城镇化进程的加快，城市不断向周围"摊大饼"式的蔓延使得城区面积越来越大、人口越聚越多，交通拥堵、热岛效应和人居环境恶化等城市环境问题凸显，对城市可持续发展提出严峻挑战（杨振山等，2015）。另外，随着生活水平的提高，居民对生活品质的诉求也从简单地追求经济收入、解决基本温饱转变为追求生活便捷和舒适，从对经济建设空间的依存转变为对休闲、绿色空间的喜爱（Hickman，2013）。绿色空间的重要性正日益凸显，人们对其的需求也日益增加。

5.3.1　总体规模变化

　　采用 2000 年、2010 年、2015 年和 2020 年四期南京专题绘图仪（thematic mapper，TM）遥感影像数据。以 GlobleLand30 提供的 2000 年、2010 年和 2020 年土地利用数据为参照，对南京遥感影像进行解译，获得南京市四个时期的土地利用类型图。参照 IGBP（International Geosphere-Biosphere Programme，国际地圈-生物圈计划）的 LUCC（land use and land cover change，土地利用与土地覆盖变化）分类系统，结合南京实际和研究目的，将土地利用类型分为农田、林地、草地、水域和建设用地 5 类，将农田、林地、草地、水域作为绿色空间用地进行统计。

　　2000～2020 年，南京绿色空间面积总体呈减少趋势，由 2000 年的 6928.05 km^2 减少至 2015 年的 5898.09 km^2。其中，2000～2010 年，绿色空间面积减少 188.13 km^2，年均减少 0.27%；2010～2020 年，随着新城建设与工业园区开发，绿色空间被挤占趋势加剧，减少了 841.82 km^2，年均减少 1.25%。从内部构成看，绿色空间规模减小是农田、林地及水域持续减少和草地面积持续增加综合作用的结果（表 5.2）。由此可见，尽管南京市近年来不断加大城市绿化、湖泊水域疏浚与长江湿地修复等，绿化建设成效显著，但还不足以抵消绿色空间面积整体缩减的趋势。

表 5.2　不同时期南京市绿色空间规模变化

类型	2000～2010 年		2010～2020 年		2000～2020 年	
	变化量/km^2	变化率	变化量/km^2	变化率	变化量/km^2	变化率
农田	−359.37	−6.65%	−574.69	−11.40%	−934.06	−17.29%
林地	−6.68	−0.78%	−60.07	−7.09%	−66.75	−7.82%

续表

类型	2000～2010 年		2010～2020 年		2000～2020 年	
	变化量/km²	变化率	变化量/km²	变化率	变化量/km²	变化率
草地	0.02	0.13%	8.87	50.10%	8.90	50.30%
水域	177.90	27.13%	−215.94	−25.91%	−38.04	−5.80%
绿色空间	−188.13	−2.72%	−841.82	−12.49%	−1029.96	−14.87%

5.3.2　空间梯度变化

2000～2020 年，南京市绿色空间规模具有明显的梯度变化特征，由中心城区向周边区域显著增加。2020 年绿色空间面积占全市的 76.70%（图 5.8）。2000～2020 年各行政区内绿色空间面积均减少，但变化特点有所不同：鼓楼区减少幅度较小，总体基本不变；受新城建设、旧城区改造及产业园区建设等影响，雨花台区绿色空间面积下降最快，年均降低 2.27%；其余各区均出现一定幅度的减少。

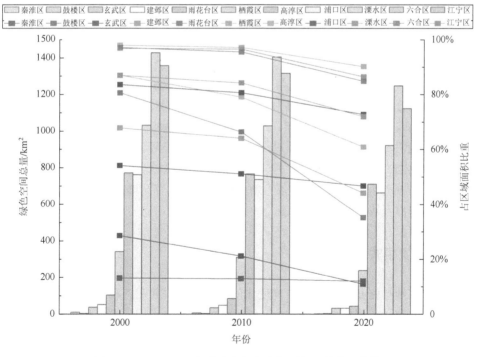

图 5.8　2000～2020 年南京市绿色空间面积及其占比变化

5.3.3　冷热点变化

将不同时段绿色空间用地变化量作为指标，识别空间具有统计显著性的高值簇与低值簇，即空间集聚的高值（热点）/低值（冷点）区。基于 ArcGIS 软件测算局域 G 统计量，公式如下：

$$G_i^*(d) = \sum_j^n W_{ij}(d)X_j \bigg/ \sum_j^n X_j \qquad (5.1)$$

为便于解释和比较，进行标准化处理：

$$Z(G_i^*) = \frac{G_i^* - E(G_i^*)}{\sqrt{\mathrm{Var}(G_i^*)}} \qquad (5.2)$$

其中，$E(G_i^*)$ 和 $\mathrm{Var}(G_i^*)$ 分别为 G_i^* 的数学期望和变异数；$W_{ij}(d)$ 为空间权重。如果 $Z(G_i^*)$ 为正且显著，表明位置 i 周围的值相对较高（高于均值），属高值空间集聚（热点区）；反之，如果 $Z(G_i^*)$ 为负且显著，则表明位置 i 周围的值相对较低（低于均值），属低值空间集聚（冷点区）。

2000~2020 年，南京市绿色空间冷热点数量与面积显著增加，热点主要由北部向东部和南部转移，而冷点则明显由中心逐步向外围扩散，建设空间不断向外扩张，多中心空间结构逐渐形成，市域周边大量绿色空间被侵占（图 5.9）。其中，2000~2010 年，热点数量较少，主要以六合区北部、栖霞区西部、浦口区东部等地沿高速、公路干道等绿带建设为主；冷点集中在主城区南部、浦口区六合区交界处以及栖霞区。2010~2020 年，热点大量出现在浦口区西南部，秦淮、玄武区等地区也出现热点趋势，主要以秦淮河、玄武湖等河湖沿岸绿带、生态廊道为主。随着生态文明建设的推进，南部江宁区、溧水区、高淳区也出现零散分布。冷点环绕主城迅速向外扩张，副城、新城建设对绿色空间增加出现制约，溧水区、高淳区北部出现较为集中的冷点区。

5.3.4　演变模式变化

建设用地扩张是绿色空间结构变化的直接原因，并在各种因素的综合作用下呈现不同的空间扩张模式（高金龙等，2014）。根据建设用地与绿色空间的互动关系，将绿色空间收缩的演变模式概括为边缘式蚕食、廊道式切割、内吞式收缩和穿孔式收缩四种（图 5.10）。首先，提取不同时期新增建设斑块，采用最小包围盒法（刘小平等，2009；赵燕如等，2019）和凸壳模型法（刘纪远等，2003；陆张维等，2015）综合确定建设用地扩张模式；其次，借助 ArcGIS 平台 Erase 工具提取南京

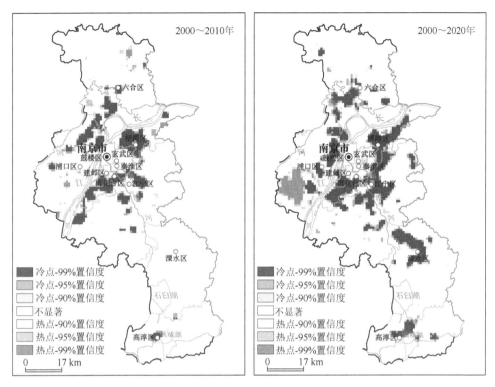

图 5.9 2000～2020 年南京市绿色空间格局冷热点变化

建设单元不同时期新增及收缩的绿色空间；最后，与对应时期的建设用地演变模式进行叠加分析，得到不同时期绿色空间演变模式。

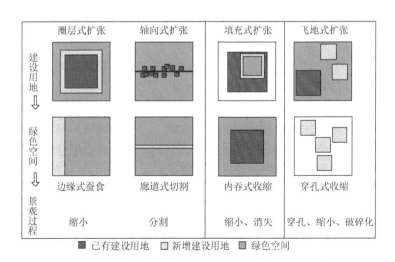

图 5.10 绿色空间演变模式

2000～2015 年，南京市区绿色空间演变存在四种模式。其中，边缘式蚕食是主要形式，伴随着城镇向外扩张，由主城区向副城、新城转移，具有明显的由中心向外围转移的趋势；内吞式收缩主要在发展较成熟的地域单元，如主城与副城内部；穿孔式收缩则不多见，主要散布在新城；廊道式切割也相对较少，多沿交通廊道分布，切割绿色空间，增加了其破碎程度（赵海霞等，2020；Zhao et al.，2022c）。

图 5.11 展示了 2000～2015 年南京市区绿色空间演变模式。其中，2000～2005 年，绿色空间边缘式蚕食主要分布在主城区南部边缘、仙林副城、东山副城、滨江新城、禄口空港新城；内吞式收缩则集中于主城区边缘、仙林及东山副城区内，还零散分布于江北老城内；龙袍新城、南京化学工业园区及滨江新城的发展以穿孔形式侵占绿色空间，破坏其连通性。

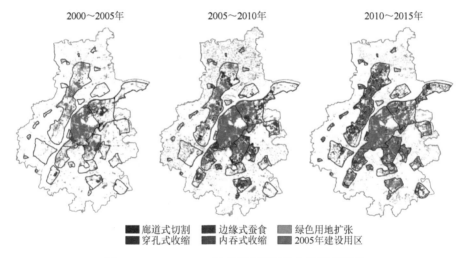

图 5.11　2000～2015 年南京市区绿色空间演变模式

2005～2010 年，边缘式蚕食分布面积大大增加，且脱离主城区，具有明显的外移趋势，以仙林和东山副城，汤山、淳化、滨江和禄口新城及雄州斑块最为集中；内吞式收缩则均匀分散于东山、江北及仙林副城及板桥新城，零星分布于主城区内，绿色空间斑块不断被蚕食，向内收缩；在江北板块南部，建设空间有明显沿交通廊道扩张趋势，绿色空间被廊道式分割；穿孔式收缩分布在汤山、柘塘及桥林等新城，外围绿色空间连通性遭到破坏。

2010～2015 年，绿色空间边缘式蚕食脱离主城区进一步外移，江北斑块及远郊区的龙潭新城、桥林新城、柘塘新城等地区边缘式蚕食分布显著增加；内吞式收缩则零散分布于各建设用地斑块内部；穿孔式收缩分布区仍以外围桥林、柘塘、龙袍等新城为主，加剧绿色空间破碎程度；而廊道式切割分布较少，仅零星出现在个别新城斑块内。

第6章 绿色基础设施要素识别及其连通性评价

绿色基础设施的要素识别是对其格局演化和供需进行评价的基础。按照主导服务功能，绿色基础设施构成要素可分为自然生态要素和半自然及人工要素。其中，自然生态要素具有较高生态服务价值，对自然环境与生态系统保护具有重要意义；半自然及人工要素可为居民休闲游憩提供便利场所，发挥重要的社会服务功能。基于南京市土地利用状况对绿色基础设施进行提取，从整体上识别构成要素的变化特征，并对其网络连通性进行分析评价。

6.1 绿色基础设施要素识别及其变化分析

在景观生态学中，形态学空间格局分析（morphological spatial pattern analysis，MSPA）方法常用来对景观构成要素进行提取。将绿色基础设施要素识别为自然生态与半自然及人工两类，采用标准差椭圆法分析要素的空间集散变化。

6.1.1 基于 MSPA 方法的要素识别

MSPA 方法是基于腐蚀、膨胀、开运算、闭运算等数学形态学原理对光栅图像的空间格局进行度量、识别和分割的图像处理方法，由于其更加强调内部和连通性，能够比较客观地识别绿色基础设施结构性要素，近年来被越来越多地引入到绿色基础设施格局分析中。

将 2000 年、2010 年、2015 年、2020 年南京市栅格土地覆盖地图重新分类为前景（绿色基础设施要素）和背景（非绿色基础设施要素）之后，使用一系列图像处理规则识别绿色基础设施构成要素，将其划分为网络中心（包括湿地、森林、水域、受保护的开放空间等）、生态廊道（包括动植物廊道、河道、绿道等）以及小型斑块（如公园、广场等）。

1. 小型斑块变化

2000~2020 年，南京市绿色基础设施小型斑块的数量和面积呈先增后减的趋势，分布较为零散，面积由 2000 年的 534.65 km^2 增加到 2010 年的 589.84 km^2，再减少到 2020 年的 510.52 km^2。从各区看，城市建设逐步侵蚀和割裂绿色基础设施，导致破碎化加剧，小型斑块数量增加，而且部分完全孤立的绿色基础设施难以发挥其应有的效应。鼓楼区和建邺区的小型斑块数量虽然总体下降，但在城市生态环境保护和城市建设与规划下，绿色基础设施质量得到一定的提升，为人口密集区提供了更多的生态服务。浦口区和六合区承接了主城区大量的制造业，建成南京高新技术产业开发区、南京浦口经济开发区、南京化学工业园区等工业园区，且远郊大力发展农业旅游，导致大量的绿色基础设施被逐步占用，其小型斑块的面积和数量皆呈不断下降的趋势。早期南部三区的网络中心被割裂变成小型斑块，后期部分靠近城镇、制造园区和农业发展区的小型绿色基础设施斑块被占用，导致其呈先增后减的趋势（表 6.1）。

表 6.1　2000～2020 年绿色基础设施的小型斑块变化

行政区	2000 年		2010 年		2020 年	
	数量/个	面积/km^2	数量/个	面积/km^2	数量/个	面积/km^2
鼓楼区	166	4.60	112	8.03	144	7.32
玄武区	159	7.46	158	7.31	207	7.94
建邺区	192	4.92	173	2.82	176	3.50
秦淮区	126	2.21	143	3.31	151	3.02
栖霞区	982	39.30	837	33.29	1194	47.28
雨花台区	463	8.58	766	13.99	551	14.71
浦口区	3027	60.50	2263	71.53	2155	43.40
六合区	4224	100.97	3947	92.20	3837	91.48
江宁区	6558	131.74	8683	149.24	7896	144.64
溧水区	4452	111.43	5500	128.32	4712	110.16
高淳区	3287	62.94	3765	79.80	1534	37.07

2. 生态廊道变化

2000～2020 年，生态廊道呈不断增加趋势，数量由 2000 年的 1539 个增加到 2020 年的 2799 个，同时面积由 21.57 km^2 增加到 42.43 km^2。但是总体分布较为零散，以北部的滁河和南部的秦淮河为核心生态廊道。主城区内鼓楼区、秦淮区、栖霞区和雨花台区受城市建设影响较小，生态廊道得到有效保护，数量有所增加，面积有所波动，但总体上升。玄武区与建邺区呈先减少后增加的趋势，后者数量与面积明显减少，受城市建设影响较大，部分明河段转为暗河。浦口区和六合区生态廊道呈先减后增趋势，增幅达到 40% 以上，受前期工业发展影响较大。江宁区与溧水区对河道、森林廊道等保护较好，且网络中心数量较多，廊道的数量与质量逐年增加。高淳区由于大力发展养殖业，部分灌溉河道沟渠难以发挥连接的作用，数量和面积先增加后减少（表 6.2）。

表 6.2　2000～2020 年绿色基础设施的生态廊道变化

行政区	2000 年		2010 年		2020 年	
	数量/个	面积/km²	数量/个	面积/km²	数量/个	面积/km²
鼓楼区	0	0.00	1	0.02	2	0.01
玄武区	27	0.28	11	0.11	27	0.46
建邺区	40	0.79	16	0.14	24	0.24
秦淮区	0	0.00	4	0.04	14	0.35
栖霞区	4	0.06	25	0.31	99	1.16
雨花台区	49	1.04	75	0.99	82	1.08
浦口区	140	2.02	98	1.05	293	4.26
六合区	243	5.10	173	2.17	345	8.15
江宁区	486	5.86	797	11.20	1119	16.12
溧水区	299	2.94	381	5.05	570	7.89
高淳区	251	3.48	316	3.84	224	2.71

3. 网络中心变化

绿色基础设施网络体系是南京市生态安全格局的重要组成部分，网络中心既是绿色基础设施网络体系的核心组成部分，也是重要生态源地。2000～2020 年，南京市网络中心呈先增加后减少的趋势，面积由 2000 年的 1519.56 km² 增加到 2010 年的 1540.99 km²，再减少到 2020 年的 1490.32 km²。2000～2010 年，高淳东部三镇的网络中心出现大面积扩张，其他地区的网络中心被建设用地、农用地占用而呈现一定程度的萎缩。2010～2020 年，长江、固城湖向外扩张，江宁区境内的网络中心进一步被蚕食，而高淳东部三镇的网络中心被改造为养殖用地，网络中心大面积消失。总体上，除长江、石臼湖呈现轻微扩张以外，其他网络中心逐渐萎缩（图 6.1）。

从各区看，网络中心面积和数量总体减少（表 6.3）。2000～2020 年，主城区除秦淮区境内无网络中心、紫东地区大力开发导致栖霞区网络中心数量减少以外，鼓楼区、建邺区和雨花台区的网络中心面积明显增加，从 2010 年到 2020 年鼓楼区、建邺区的网络中心面积增加了 14 km² 以上，这是实施"绿色南京"战略以来城市生态环境改善的重要体现。浦口区和六合区工业发展较早，其生态修复和环境治理力度大，网络中心保护较好，面积有所增加。江宁区网络中心面积和数量最多，但由于社会经济发展的需求，面积减少了 24.89 km²。高淳区由于养殖、农旅的发展，面积减少幅度较大。溧水区虽然网络中心的数量有所减少，但是其面积经历了先减少后回升。

图 6.1　2000～2020 年南京市绿色基础设施网络中心变化

表 6.3　2000～2020 年南京市各区绿色基础设施网络中心变化

行政区	2000 年		2010 年		2020 年	
	数量/个	面积/km²	数量/个	面积/km²	数量/个	面积/km²
鼓楼区	4	96.05	4	92.58	4	106.82
玄武区	3	28.49	3	28.68	3	28.77
建邺区	6	54.90	4	54.55	4	69.11
秦淮区	0	0	0	0	0	0
栖霞区	19	157.13	13	147.69	11	151.75
雨花台区	7	120.16	8	118.79	11	125.17
浦口区	11	259.76	11	258.59	11	270.03
六合区	11	131.58	9	116.74	9	134.33
江宁区	39	295.03	48	276.95	40	270.14
溧水区	24	210.80	17	189.17	17	194.45
高淳区	7	165.66	19	257.25	5	139.75

6.1.2　自然生态要素变化

绿色基础设施自然生态要素是指具有一定规模的绿色空间要素，如山体、林地、湖泊、水库等生态斑块及河流、林带等生态廊道。南京市自然生态要素分布较广，大型斑块集中分布在中部和南部一带，包括紫金山、汤山、老山、无想山等大面积山区林地及长江、石臼湖、固城湖、玄武湖等大型水体，小型斑块总体规模较小，零散分布在北部的六合区和南部的溧水区。

随着城镇开发与建设力度的加大，全市自然生态要素面积呈减少趋势，由2000年的1011.58 km²减少到2020年的984.04 km²，其中生态斑块的减少占主导，由867.13 km²减少至775.73 km²（表6.4）。近年来固城湖和石臼湖周边的水域面积大幅度减少，六合区北部、栖霞区中部、浦口区北部等地区的中小型生态斑块大面积消失，老山、紫金山、长江、云台山、汤山等大型斑块逐年小幅萎缩，但南部的山区林地以及石臼湖一带核心斑块面积呈逐步增加趋势且增加幅度较为显著（图6.2）。此外，起连接作用的廊道呈增加趋势，面积由2000年的144.45 km²增加至2020年的208.31 km²，联系更加紧密，有利于物质能量的流动与扩散。小型廊道数量明显增加，分布广泛并逐渐密集。大型廊道主要依托秦淮河、滁河等存在，具有较强的连接作用。然而，随着城市的建设，生态廊道遭到不同程度破坏，部分河段被割裂，区域连接度有所下降。

表 6.4　2000～2020 年南京市绿色基础设施自然生态要素变化（单位：km²）

要素	2000 年	2005 年	2010 年	2020 年
斑块	867.13	939.35	1125.28	775.73
廊道	144.45	146.86	221.99	208.31
总计	1011.58	1086.21	1347.27	984.04

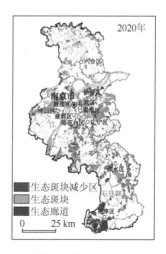

图 6.2　2000～2020 年南京市绿色基础设施自然生态要素格局变化

6.1.3 半自然及人工要素变化

半自然及人工要素主要包括城市公园、广场、观景点、绿道等开放空间。随着城市建设的不断加强，南京市绿色基础设施半自然及人工要素持续增加，且增加幅度不断提升。以公园为例，从 2000 年的 54 个增加到 2010 年的 108 个，之后迅速增加到 2020 年的 198 个（表 6.5）。

表 6.5　2000～2020 年南京市绿色基础设施半自然及人工要素数量变化（单位：个）

行政区	2000 年	2005 年	2010 年	2015 年	2020 年
鼓楼区	12	16	16	16	18
玄武区	12	15	17	20	21
秦淮区	8	13	18	20	21
建邺区	2	4	8	12	15
雨花台区	2	2	4	6	12
栖霞区	1	2	4	9	14
江宁区	7	8	13	28	36
浦口区	4	4	8	14	21
六合区	2	6	9	14	17
溧水区	1	1	5	9	13
高淳区	3	4	6	8	10
总计	54	75	108	156	198

在空间分布上，以秦淮区作为标准差椭圆的分布中心，呈中心城区密集分布，并逐渐向外围区域减少的格局，但新增的公园往往位于已有公园附近，且分布极为不均衡。2000～2010 年，新增要素以中部地区为主，其中鼓楼区、秦淮区、玄武区三区数量最多。随着新城、副城的不断建设发展，半自然及人工要素建设在南北方向与东西方向均有所扩展。2010～2020 年，虽然国家部委先后下达《关于暂停新开工建设主题公园项目的通知》《关于规范主题公园建设发展的指导意见》等限制公园建设的文件，但半自然及人工要素增加不再局限于市区，江宁区、浦口区、栖霞区等近远郊区要素数量迅速增加，标准差椭圆覆盖范围逐渐扩大，中心位于秦淮区并向东南方向转移，绿色基础设施建设水平明显提升（图 6.3）。

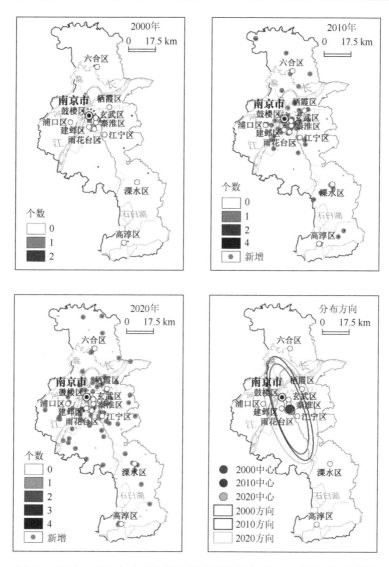

图 6.3　2000~2020 年南京市绿色基础设施半自然及人工要素格局变化

6.2　绿色基础设施网络连通性及其格局变化

在要素识别的基础上，综合考虑土地利用类型、景观类型、高程、坡度、社会经济、地形等因素，采用最小阻力模型法对绿色基础设施网络进行提取，分析评价网络连通性及其格局变化。

6.2.1　网络连通性评价

连通性作为绿色基础设施的核心评价指标之一，是发挥生态系统服务与功能的关键。引入景观连通性指数，基于 ArcGIS 软件和 Conefor 2.6 软件，对绿色基础设施连通性进行评价。景观连通性是指景观对生态流的便利或阻碍程度，选取整体性连通指数（integral index of connectivity，IIC）和可能性连通指数（probability of connectivity，PC）进行评价。基于 ArcGIS 和 Conefor 2.6 软件，以 1000 m 为距离阈值，分析南京市绿色基础设施面积中最大的 300 个斑块，得到 2000 年、2010 年和 2020 年的整体连通性指数和可能连通指数，并将整体连通性指数以（乡镇）街道为单元进行评价。计算公式如下：

$$IIC = \frac{\sum_{i=1}^{n}\sum_{j=1}^{n}\frac{a_i a_j}{1+nl_{ij}}}{A_L^2} \tag{6.1}$$

$$PC = \frac{\sum_{i=1}^{n}\sum_{j=1}^{n}a_i a_j p_{ij}}{A_L^2} \tag{6.2}$$

其中，IIC 为整体性连通指数；PC 为可能连通指数；n 为景观斑块总数；a_i、a_j 分别为斑块 i、j 的属性值；nl_{ij} 为斑块 i 与斑块 j 之间的连接数量；p_{ij} 为物种在斑块 i 和斑块 j 中所有路径运行的最大可能性；A_L 为整个景观的属性值。IIC 基于二位连接模型，即景观中的两个斑块只有连接或不连接两种情况，在距离阈值内，斑块连通，相反则不连通。PC 基于可能性模型，可能性指生境斑块之间连通的可能性，这种可能性与斑块之间的距离呈负相关关系。

6.2.2　网络连通性变化

南京市绿色基础设施连通性呈持续下降趋势。整体性连通指数 IIC 由 2000 年的 0.59 下降为 2020 年的 0.53，可能连通指数 PC 由 2000 年的 0.71 下降至 2020 年的 0.64，分别下降了 10.17% 和 9.86%。随着城市建设的不断推进，绿色基础设施连通性受到一定程度的破坏。其中，2000～2010 年，伴随着城市快速发展与用地扩张，各指标下降幅度较大，这是连通性降低的主要阶段，而 2010～2020 年，在"绿色南京"战略下，自然生态系统建设与保护力度不断加大，连通性指数下降趋势明显好转。

空间上，连通性具有明显的区域差异性。受长江大保护战略和城区绿化加强

的影响。绿色基础设施连通性较高的区域一直沿长江一线和城区周边分布，呈
由南向北转移的趋势。2000 年，连通性较强的区域主要集中在长江南岸、八卦
洲以及紫金山地区，2010 年扩展到长江（鼓楼区、建邺区和雨花台区段）以及
麒麟街道。此后，在绿色发展战略的推动下，长江沿线连通性进一步提高且向
北集聚，溧水区、高淳区开始加强连通性建设，至 2020 年，石臼湖地区连通性
显著增强（图 6.4）。

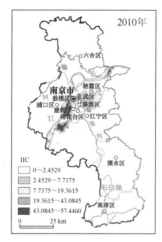

图 6.4　2000～2020 年南京市绿色基础设施连通性变化

第 7 章　绿色基础设施格局变化及其驱动机理

绿色基础设施时空格局随城市发展处于不断变化中，受多种因素叠加驱动。一般而言，驱动格局变化的因素可分为自然禀赋条件、区域发展水平、社会文化氛围和决策管理导向等类型。本章研究城市化过程人类活动与生态环境间的相互作用，运用空间分析方法，揭示南京市绿色基础设施动态演替特征与规律，构建计量经济学模型方法解析其演变驱动机理，为格局优化提供科学依据。

7.1　绿色基础设施格局变化

7.1.1　规模变化

2000～2020 年，南京市绿色基础设施呈现先增加后减少趋势。总面积由 2000 年的 1301.03 km² 增加到 2010 年的 1451.25 km²，增长了 11.55%，占市域面积的比例由 20%增长至 22%，比重不断提高。自"绿色南京"战略实施以来，绿色基础设施建设在部分区域呈明显增加趋势。然而，2010 年以来随着河西、紫东和江宁的大开发以及江北新区的建设，绿色基础设施开始大幅减少，2020 年总面积降低到 1223.65 km²。20 年来全市绿色基础设施的人均面积一直下降，由 211.60m²/人减少至 143.96m²/人，下降了 31.97%（图 7.1）。

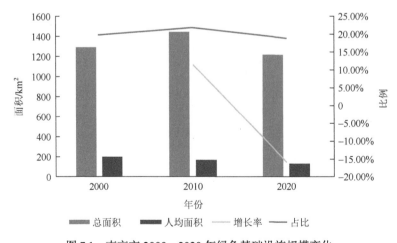

图 7.1　南京市 2000～2020 年绿色基础设施规模变化

在空间上, 2000~2020 年南京市绿色基础设施分布具有显著的区域差异性, 集中分布在中部的主城区、浦口区中北部、六合区以及南部的溧水区和高淳区, 呈塔山—老山—长江、云台山—牛首山—将军山—方山—汤山、固城湖—石臼湖—无想山-东屏湖等沿长江、湖泊、山体的三大带状分布。玄武区、栖霞区自然本底条件较好, 境内坐落着紫金山、玄武湖、栖霞山、长江观音景区、聚宝山等中大型斑块, 绿色基础设施占比相对较高。此外, 2000~2020 年主城四区多以"见缝插针"形式增加。其中, 建邺区增长率最高, 由 2000 年的 1.47 km² 增长到 2020 年的 2.83 km², 高达 92.52%, 以小规模增加为主; 高淳区减少幅度最大, 增长率为 –37.08%, 以大面积缩小为主 (图 7.2、表 7.1)。

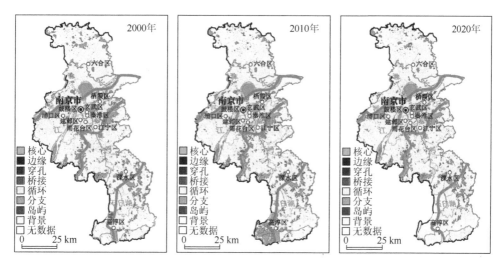

图 7.2　2000~2020 年南京市绿色基础设施空间分布

表 7.1　南京市各区 2000~2020 年绿色基础设施规模变化

辖区	2000 年		2010 年		2020 年		2000~2020 年
	面积/km²	占比	面积/km²	占比	面积/km²	占比	增长率
鼓楼区	6.33	11.68%	6.55	12.09%	6.93	12.79%	9.48%
秦淮区	32.34	65.85%	32.60	66.38%	34.27	69.78%	5.97%
玄武区	18.32	24.28%	18.66	24.73%	20.23	26.81%	10.43%
建邺区	1.47	1.82%	3.09	3.82%	2.83	3.50%	92.52%
栖霞区	101.99	25.79%	92.40	23.37%	94.24	23.83%	–7.60%
雨花台区	26.24	19.82%	30.99	23.41%	24.47	18.48%	–6.75%
浦口区	181.19	19.83%	194.18	21.25%	177.79	19.46%	–1.88%

辖区	2000 年		2010 年		2020 年		2000～2020 年
	面积/km²	占比	面积/km²	占比	面积/km²	占比	增长率
江宁区	156.17	10.62%	139.77	9.50%	147.12	10.00%	−5.79%
六合区	364.52	24.78%	393.42	26.75%	364.56	24.78%	0.01%
溧水区	272.68	25.56%	277.02	25.96%	261.24	24.48%	−4.20%
高淳区	143.51	18.16%	214.26	27.11%	90.29	11.43%	−37.08%

7.1.2 布局变化

1. 不同用地的转移

2000～2020 年，绿色基础设施转出面积高于转入面积，主要集中在绿色基础设施与耕地、建设用地之间的转换（图 7.3）。其中，绿色基础设施转为耕地最多，面积 208.47 km²，占总转移面积的 14.03%，其次是转为建设用地，转换面积达 73.62 km²。耕地、建设用地转为绿色基础设施的面积分别为 187.14 km² 和 13.31 km²。总体上，2000～2020 年，由于城镇开发、农业发展、旅游活动等人类活动因素影响，绿色基础设施净减少 81.64 km²。其中，2000～2010 年，转入面积高于转出面积，绿色基础设施净增加 146.79 km²。以绿色基础设施与耕地之间的转换为主，耕地转为绿色基础设施面积达 295.78 km²，占所有转移面积的 38.63%，高于转出 150.47 km²。绿色基础设施与建设用地之间转换幅度较小，以绿色基础设施转出为主，高于转入 3.68 km²。2010～2020 年，转出面积高于转入面积。由于高淳东部地区的大量水域、滩涂用于渔业、螃蟹养殖，绿色基础设施转为耕地 290.38 km²，高于转入 156.05 km²；绿色基础设施转为建设用地 81.65 km²，高于转入 72.41 km²。该阶段绿色基础设施大幅度减少，净流出面积达到 228.46 km²。

在空间上，2000～2020 年绿色基础设施与耕地、建设用地等用地之间的转换存在明显的空间分异。用地转换主要分布在长江沿岸、秦淮河沿岸、江北大道快速路沿线、六合区北部、高淳区西部以及主城东部和南部等地区，其他地区零散分布。耕地、建设用地转为绿色基础设施主要围绕长江、滁河、秦淮河等生态红线、生态空间管控区分布，大型绿色基础设施斑块的质量得到有效保障；绿色基础设施转为建设用地主要集中在市区、城区周边，包括紫东、市区南部、沿江街道、大厂街道、溧水经济开发区等地；绿色基础设施转为耕地多分布在郊区，以浦口区北部、六合区北部、长江北岸、江宁区东部边界以及高淳区西南部三镇等为主。2000～2010 年，南京加大对生态红线、生态空间管控

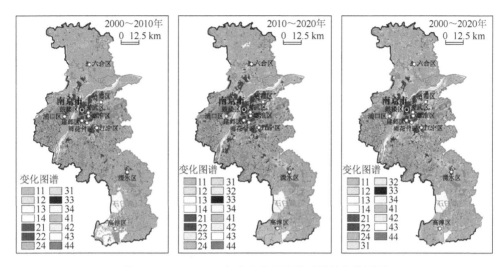

图 7.3 2000~2020 年南京市绿色基础设施变化图谱

11 不变耕地，12 耕地-建设用地，13 耕地-未利用地，14 耕地-绿色基础设施，21 建设用地-耕地，22 不变建设用地，23 建设用地-未利用地，24 建设用地-绿色基础设施，31 未利用地-耕地，32 未利用地-建设用地，33 不变未利用地，34 未利用地-绿色基础设施，41 绿色基础设施-耕地，42 绿色基础设施-建设用地，43 绿色基础设施-未利用地，44 不变绿色基础设施

区的保护力度，绿色基础设施转入较多，且以耕地转入为主，主要分布在长江沿线、平山森林公园、栖霞区与江宁区交界处、石臼湖周边等地区。2010~2020年，绿色基础设施转为耕地集中分布在浦口区北部和高淳区西南部三镇，多是一般耕地、养殖鱼塘集中的地区，而绿色基础设施转为建设用地主要分布在市区周边，尤其是开发较晚的紫东地区和江宁区北部。

2. 绿色基础设施涨落势变化

2000~2020 年，南京市绿色基础设施变化以"落势"为主，高于"涨势"90 769 个单元，生态环境遭受明显的破坏（表 7.2）。绿色基础设施涨势面积200.51 km^2，占 13.49%，集中分布在长江沿岸、市区南部的绕城路沿线以及重点的生态功能区，这说明在经济快速发展阶段，南京市部分地区的生态功能难免受到破坏，但长江、石臼湖等重点生态功能区得到了有效改善。绿色基础设施"落势"面积达到 282.17 km^2，主要在六合区北部、浦口区北部、长江北岸、主城周边、固城湖等地区分布。近年来，基本农田保护力度的不断加强，北部郊区开发农业旅游，南部郊区发展养殖，导致南京南北郊区绿色基础设施大面积被占用而减少，并且市区向紫东、江宁区、河西等地区发展，建设用地进一步向外大幅度扩张，逐步蚕食主城区零散的绿色基础设施用地。

表 7.2　南京市 2000~2020 年绿色基础设施与其他用地的转换

时间	编码	土地利用	涨落势	单元数/个	变化面积/ km²	占比
2000~2010 年	1	耕地	涨势	241 038	216.84	28.31%
	2	建设用地	涨势	269 780	242.69	31.69%
	3	未利用地	涨势	93	0.08	0.01%
	4	绿色基础设施	涨势	340 417	306.24	39.99%
	5	耕地	落势	582 954	524.42	68.48%
	6	建设用地	落势	91 081	81.94	10.70%
	7	未利用地	落势	46	0.04	0.01%
	8	绿色基础设施	落势	177 247	159.45	20.82%
2010~2020 年	1	耕地	涨势	401 947	361.59	27.73%
	2	建设用地	涨势	887 442	798.34	61.23%
	3	未利用地	涨势	389	0.35	0.03%
	4	绿色基础设施	涨势	159 675	143.64	11.02%
	5	耕地	落势	946 286	851.27	65.29%
	6	建设用地	落势	89 416	80.44	6.17%
	7	未利用地	落势	105	0.09	0.01%
	8	绿色基础设施	落势	413 646	372.11	28.54%
2000~2020 年	1	耕地	涨势	334 704	301.10	20.26%
	2	建设用地	涨势	1 094 235	984.36	66.23%
	3	未利用地	涨势	420	0.38	0.03%
	4	绿色基础设施	涨势	222 894	200.51	13.49%
	5	耕地	落势	1 220 763	1 098.19	73.88%
	6	建设用地	落势	117 738	105.92	7.13%
	7	未利用地	落势	89	0.08	0.01%
	8	绿色基础设施	落势	313 663	282.17	18.98%

　　2000~2010 年，绿色基础设施"涨势"高于"落势"146.79 km²，以多地区集中扩张为主，长江沿岸、浦口区北部、主城南部、江宁区北部以及固城湖与石臼湖周边等地绿色基础设施快速增加。"落势"地区分布较为零散，六合区北部、江宁区西北部等地区出现大面积减少。2010~2020 年，城市建设与农业发展进一步加快，导致绿色基础设施面积缩减 228.47 km²，空间上与前期"涨势"的分布相似。同时，"涨势"分布较为零散，多为城市建设过程中配套的公园、长江沿线的湿地建设等（图 7.4、图 7.5）。

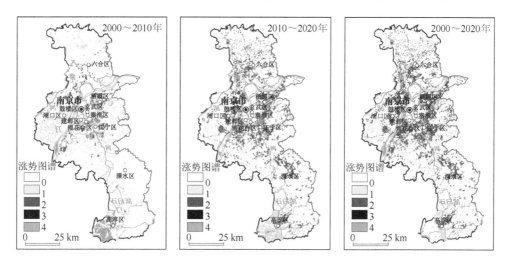

图 7.4　2000～2020 年南京市绿色基础设施涨势图谱

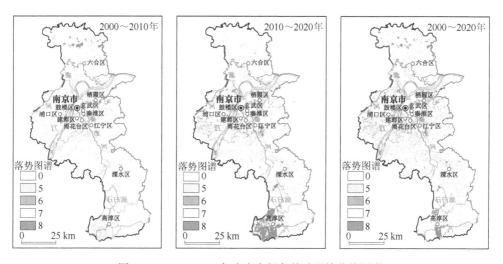

图 7.5　2000～2020 年南京市绿色基础设施落势图谱

7.2　绿色基础设施格局变化驱动机理

自然禀赋、区域发展、社会文化、政府政策等因素影响绿色基础设施格局变化。运用空间滞后模型（spatial lag model，SLM）和空间误差模型（spatial error model，SEM）等空间计量模型，从经济驱动力、社会生长力和政府调控力等方面构建实证模型，对绿色基础设施格局变化的驱动机理进行实证研究。

7.2.1　理论分析

1. 影响因素分析

绿色基础设施空间分布及其格局变化受多种因素的综合影响，主要包括自然禀赋条件、区域发展水平、社会文化氛围和政策导向等（孟菲，2020；赵海霞等，2022）。

1）自然禀赋条件

自然禀赋条件一定程度上先天决定了绿色基础设施的分布格局，地形、气候、土壤、水文条件变化等对绿色基础设施时空格局的变化也有重要影响。丘陵山区是人类活动强度较弱的区域，分布着面积较大的自然生态要素，大量绿色植被及物种的多样化存在都有利于绿色基础设施组成要素的自我修复与可持续发展。平原地区则是城镇化密集的区域，相对较强的人类活动不利于大面积自然生态要素的发展，主要以零散小面积的半自然及人工要素的形式存在。另外，气候条件如气温、光照、降水等对绿色基础设施同样具有重要影响，湿润的气候与土壤条件可为植被生长提供良好条件，有利于生态环境改善和促进物种生长，从而促进绿色基础设施格局的时空变化。南京市的自然禀赋条件较为稳定，其对绿色基础设施分布格局及其时空变化产生影响的过程是漫长的。

2）区域发展水平

绿色基础设施组成要素格局变化与人类活动息息相关，社会发展与经济建设通过改变城市空间利用方式与格局，促进城市生态系统结构变化，进而推动绿色基础设施格局演化。随着城市化进程的加快，人口大量聚集、城市边界不断蔓延扩张，必然带来居住和生产空间的扩张以及对自然资源的索取，在一定程度上侵占绿色基础设施用地，导致外围大面积自然生态要素的挤占，绿色基础设施规模不断减少。随着绿色转型发展与新型城镇化建设的推进，城市开发建设速度趋缓，建成区内绿色基础设施建设开始转向填充式发展，以半自然及人工要素建设为主，零散小面积的绿色基础设施规模有所增加。另外，无论是绿色基础设施的存量保护、增量发展，还是后续的维护管理，均需要社会与经济力量的支持。随着南京市相关建设投入的不断增加，绿色基础设施规模呈增加趋势。因此，区域发展水平是绿色基础设施格局演变的主要推动因素。

3）社会文化氛围

社会文化氛围在城市绿色基础设施发展中也常常发挥着不可忽视的作用。依托众多文物古迹、历史遗址等人文景观，可建造具有人文特色的半自然及人工要素，还可以根据当地特色增加艺术公园、主题公园等各具特点的开放空间，这些半自然及人工要素是绿色基础设施体系中重要的组成部分，可以推动绿色基础设施的建设与发展。另外，社会文明程度与生活水平不断提高，促使人们的生活理念与行为发生转变，增强了人们对绿色基础设施的亲近意愿，从而使社会各界更加主动地参与到各类绿色基础设施建设与保护行动中，促进绿色基础设施总体格局的变化。

4）政策导向

绿色基础设施作为一种非营利性的网络实体，其规划与建设的主体多为政府机构。随着生态文明建设的不断推进、"美丽中国"的提出，政府部门对城市生态环境保护重视程度越来越高，城市绿地系统规划与城市总体规划的互动性和适应性也越来越强，更加注重城市绿色基础设施要素的发展建设及保护。与此同时，生态环境保护、生态文明建设、绿地系统等相关规划与管理文件的出台，生态红线区域的划定，生态公益林的建设，生态修复治理工程的开展等均对绿色基础设施建设起到推动作用，不仅促进了绿色基础设施规模的不断增加，而且促进了空间布局的不断变化。同时，在绿色基础设施的适应性管理上，政府部门投入的人力、物力、财力等是绿色基础设施良性发展的保障。

2. 驱动机理分析框架

城镇空间演化是动力主体发挥作用的过程，也是政府力、市场力和社会力交互作用的过程，存在正负反馈调节。作为城镇空间重要组成部分，绿色基础设施格局变化驱动力是一个包含多方面因素、结构复杂的动力系统。在前人研究的基础上，设定绿色基础设施格局在经济驱动力、社会生长力与政府调控力的共同作用下不断发展演变（图 7.6）。

（1）经济驱动力是推进城市绿色基础设施格局变化的内在驱动力。地区生产总值不断提升会带来实际收入水平和城市建设投资的增加，促使城市建设空间加速扩张，房地产投资的增长会加速和影响城市建设用地的扩展，从而最终影响城市绿色基础设施格局变化。此外，不同产业间形成的前后向有机联系的产业链或空间上的产业集群和产业园区，最终会对城市土地空间也会对绿色基础设施格局变化产生内在的驱动力。从经济增长和产业发展角度，经济驱动力选用地区生产总值、房地产投资、第三产业占比、产业园区面积等因子进行表征。

（2）社会生长力主要包括社区组织、非政府机构及城市居民的利益诉求、公众行为及需求意愿等。城市居民对住宅区位的投资能力及绿色基础设施的偏好会对开发商开发活动产生影响，而社会组织的活动和非政府机构的利益诉求，如社区邻里运动、环境保护活动、公众参与城市规划等活动都有可能对政府政策制定产生影响，最终对城市绿色基础设施格局的演变产生影响。社会生长力的强弱受城镇化水平、需求意愿等影响，社会生长力选取城市常住人口、城镇人均可支配收入、绿色基础设施邻近度等因子进行表征。

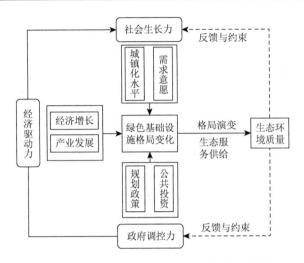

图7.6 绿色基础设施格局变化驱动机理分析框架

（3）政府调控力是政府根据社会绝大多数人的利益，通过城市建设管理制度、法律、规章和条例等的施行对城市土地利用空间结构产生影响。政府制定的政策和战略的实施会造成城市土地空间系统的结构性变化，绿地规划、绿化政策等更是城市绿色基础设施建设的纲领性文件，调控和引导着绿色基础设施的格局变化。此外，政府投资建设会对城市发展产生引导性的重要作用，对绿色基础设施中公共绿地、附属绿地、生态防护绿地以及生产绿地等格局变化产生重要的驱动作用。政府调控力选取政策变化和绿色基础设施保护投入进行表征。

7.2.2 实证研究

1. 模型构建

目前针对驱动机理的实证研究模型主要包括最小二乘法模型、空间滞后模型和空间误差模型等。绿色基础设施空间格局演变具有空间自相关性，决定其地理空间结构需要数学表达，并定义对象的相互邻接关系。然而，简单的最小二乘法模型不适用于空间关系的分析，由此引入空间权重矩阵，采用空间滞后模型和空间误差模型表征和刻画因变量与自变量的空间相关性。

（1）空间滞后模型主要考察因变量在空间上是否有溢出效应，验证因变量在某地区的扩散现象，可以很好地描述空间单元因变量的空间交互作用。其表达式为

$$y = \rho W_y + X\beta + s \tag{7.1}$$

其中，X 为 $n \times k$ 的数据矩阵，代表解释变量 W 为 $n \times n$ 阶空间权重矩阵；ρ 为空

间自回归系数参数,其大小反映空间扩散或空间溢出的程度;W_y 为空间滞后变量;β 为解释变量对因变量 y 变化产生的影响;s 为随机误差项。

(2)空间误差模型。数据存在测量误差或忽略某些变量会使模型误差项之间存在空间相关性,空间误差模型能够衡量相邻地区因变量的误差项对观察值的影响方向和程度。其表达式为

$$y = X\beta + \rho W\mu + c \qquad (7.2)$$

其中,y 为因变量;X 为 $n \times k$ 的自变量矩阵,n 为样本数,k 为参数个数;W 为 $n \times n$ 阶权重矩阵,反映因变量本身的空间趋势;ρ 为随机误差向量;μ 为空间自相关系数,衡量样本间的空间依赖作用;c 为正态分布的随机误差向量。

运用 GeoDa 软件对空间滞后模型和空间误差模型进行估计检验(表 7.3),发现后者的拉格朗日乘子检验统计量比前者的更加显著,根据 Anselin 等提出的模型选取标准,说明空间误差模型更适合。在拟合优度 R^2 检验中,空间误差模型要高于空间滞后模型;同时,根据似然比率值越大,赤池信息准则和施瓦茨准则值越小,模型的拟合优度越好的检验准则,也可以判断空间误差模型的拟合程度更优。由此选择空间误差模型对南京市绿色基础设施格局演化的相关统计数据进行回归分析。

表 7.3　空间滞后模型和空间误差模型的检验

模型	拉格朗日乘子	稳健性拉格朗日乘子	拟合优度 R^2	似然比率	赤池信息准则	施瓦茨准则
空间滞后模型	255.162 8	1.067	0.561 277	355.415 3	3 533.75	3 596.82
空间误差模型	294.483 2	40.386 6	0.597 722	428.583 8	3 458.58	3 516.39

2. 指标选取

以南京 68 个街道为研究单元,考虑数据的可获得性,从经济驱动力、社会生长力、政府调控力三个方面选取指标,运用 SPSS 软件对各指标进行共线性判断,逐步剔除共线性较强的因子,将各因子的方差膨胀系数控制在 10 以内,筛选驱动因子指标(表 7.4)。

表 7.4　绿色基础设施格局演化的驱动因子

作用力	指标	因子
经济驱动力	经济增长	地区生产总值
		房地产投资
	产业发展	第三产业占比
		产业园区面积

作用力	指标	因子
社会生长力	城镇化水平	城市常住人口
	需求意愿	城镇人均可支配收入
		绿色基础设施邻近度
政府调控力	规划政策	政策变化
	公共投资	绿色基础设施保护投入

3. 数据来源与处理

土地利用主要采用南京市 2000 年、2010 年、2015 年和 2020 年四个时期的土地利用类型数据。社会经济数据主要来源于相应年份《南京市统计年鉴》及部分区政府发布的统计资料，并用物价指数进行修正。个别缺失的数据根据当年街道或区县人口规模占区域总人口规模比例进行计算补充。此外，由于区划调整，南京 2000 年数据根据撤县设区后的区划直接做出相应数据核减。政策变量为虚拟变量，根据绿色基础设施相关政策实施程度的综合判断，对各评价单元分别赋值 0 或 1。

4. 实证结果分析

模型回归分析结果表明，经济驱动力、社会生长力和政府调控力不同程度地对绿色基础设施格局演化产生影响（表 7.5）。

表 7.5　绿色基础设施格局演化驱动因素模型回归结果

作用力	指标	因子	系数
		常数项	0.1663
经济驱动力	经济增长	地区生产总值	0.0334**
		房地产投资	−0.0782
	产业发展	第三产业占比	−0.2085
		产业园区面积	−0.2776*
社会生长力	城镇化水平	城市常住人口	−0.6027***
	需求意愿	城镇人均可支配收入	0.00001
		绿色基础设施邻近度	−0.0221
政府调控力	规划政策	政策变化	0.0174*
	公共投资	绿色基础设施保护投入	0.1447**

*表示在10%水平上显著，**表示在5%水平上显著，***表示在1%水平上显著

1）经济驱动力是绿色基础设施格局演化的主导作用力

（1）经济增长。经济增长对南京市绿色基础设施格局演变的正负作用并存，地区生产总值在5%水平上对绿色基础设施具有显著正向作用。地区生产总值高的地区主要为主城及各区中心，这些地区城市建设水平相对高，对城市绿化较为关注与重视；同时，各绿地、公园和风景名胜区等的建设维护均离不开经济投入，地区生产总值增加为绿色基础设施管护提供了经济支撑，因此对绿色基础设施建设具有促进作用，常成为绿色基础设施变化热点区。另外，房地产投资对绿色基础设施表现出负向影响，但作用并不明显，未通过显著性检验。

多年以来，南京市经济处于快速发展阶段，城市不断向外扩张，旅游开发强度进一步提高，"农业＋旅游"发展模式逐渐盛行，导致六合区北部、主城区、溧水区和高淳区尤其是石臼湖、固城湖等地区的绿色基础设施快速萎缩或消失，绿色基础设施格局变化受人类活动尤其是城市扩张、旅游开发和农业发展的影响较大。为进一步分析经济发展对绿色基础设施的影响，分别从城市扩张、旅游开发和农业发展等角度选取典型案例区（图7.7）。其中，A位于金牛湖地区，1958年建成为全市最大的水库，由于独特的山水风光优势，2006年被改造为风景区，在湖体中南部陆地区域修建大量的观光游览设施，整个网络中心出现明显的萎缩，由原有的绿色基础设施核心区转变为背景区。B为栖霞区中部，2000年以来，紫东地区开发建设活动加强，随着大量高校、科技园区、小区、商业街道的不断新建，斑块较大的绿色基础设施被侵蚀。随着2010年以来人类活动进一步加剧，该地区绿色基础设施被割裂成多个孤立的小型斑块，生态系统服务供给能力快速下降。C为高淳区东部三镇地区，北靠固城湖，境内沟渠河道发达。随着城市生活水平的提高，对鱼类、螃蟹的需求快速增加，进一步促进该地区渔业养殖快速发展，导致大面积水域被改造成养殖基地。

（2）产业发展。产业发展因素中第三产业占比和产业园区面积对南京市绿色基础设施均表现为负向影响，尤其是产业园区面积在10%水平上影响显著。随着南京市产业结构不断优化调整，城市用地结构调整的"推力"也不断增大，第三产业的兴起相对集中在中心城区，而第二产业的发展则逐渐由主城向江宁区、江北新区等副城转移，特别是在近郊区建成多个工业园区及经济技术开发区等。产业发展需要占用国土空间，导致大量绿色基础设施被侵蚀，由此这些地区成为绿色基础设施变化的冷点区。

作为沪宁杭工业基地的核心城市，南京市工业较为发达，2015年以前的工业增加值占比常年在40%以上。在工业发展带来大量的就业机会和高经济效益的同时，人们对生态修复、环境改善的需求也越来越迫切。在制造业"一控两退两聚"的发展策略下，高耗能、高污染、低绩效的制造业企业退出，促进制造业企业集聚并向园区落户，大力发展生态园区、绿色园区（图7.8）。在此背景下，制造业园区更加

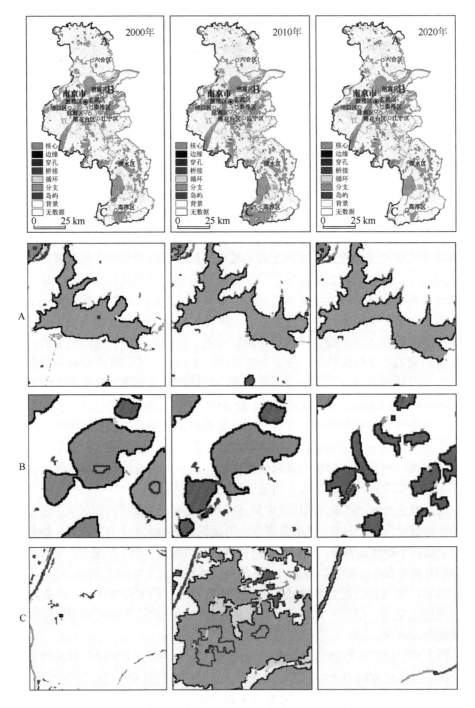

图 7.7　典型区域 2000～2020 年绿色基础设施的变化

需要绿色基础设施进行空气净化、气温调节和改善生态环境，且绿色基础设施高需求的空间分布与制造业园区布局存在一定重叠，两者间的相关性达到 0.2230。此外，制造业园区的夜间灯光越来越多，逐渐超过人口集聚区，需要供给服务和生产服务，绿色基础设施经济需求提高。同时，为保障通勤时间，园区周边往往集聚生活服务区，社会需求增加，从而拉动了总需求。制造业园区影响绿色基础设施需求的空间分布格局，形成局部高需求区。

图 7.8　南京市制造业园区分布

　　（3）城市空间分布。南京市逐步形成"2 个主城、3 个副城、9 个新城"的市域布局体系（图 7.9），与绿色基础设施需求的相关性达到了 0.6104。其中，随着南京市主城区向外扩张、制造业市域内转移、城市功能布局完善，江南主城作为南京的世界文化名城核心区、高新技术产业高地和人口最集中的区域，成为南京市经济、社会和生态需求最高的区域，与绿色基础设施高需求分布主要集中在主城区相吻合。江北新主城是国家级新区江北新区的核心区，承载着长江经济带和长三角城市群的交会功能，制造业发达，区域内绿色基础设施需求普遍高于周边地区。六合副城、溧水副城和高淳副城是南京市远郊的人口和产业聚集地，推动南京市融入长三角一体化，并辐射带动南京都市圈内其他城市，绿色基础设施的社会、经济和环境等需求远远高于周边地区。禄口、柘塘、龙潭、龙袍、桥林、滨江、板桥、汤山和淳化等 9 大新城实施专业化分工，引导战略型新兴产业集聚，为南京市高质量发展提供支撑，导致其绿色基础设施需求相对较高。综上，南京市主城、副城和新城的空间布局与绿色基础设施需求的空间分布格局较为吻合，对绿色基础设施需求的分布影响总体较大。

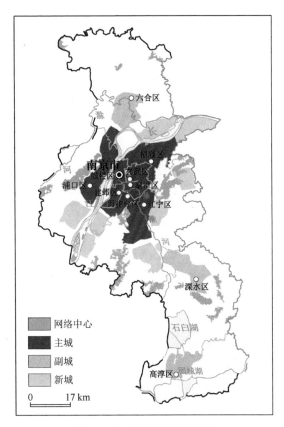

图 7.9　南京市城市空间布局

　　2）社会生长力对绿色基础设施格局演化的作用相对不显著

　　社会生长力中包括城镇人均可支配收入与绿色基础设施邻近度在内的需求意愿因素对南京市绿色基础设施驱动作用不显著，其作用主要表现在城市常住人口对绿色基础设施产生显著负向影响，系数为-0.6027，在 1%水平上显著。随着城镇化水平的提高，不断增长和集聚的人口对居住与生活空间的需求也在增加，对建设用地开发不断提出新要求，促使居住用地及相应的基础设施用地比例不断升高，从而占用绿色基础设施用地。南京市 2010~2020 年江宁区、浦口区、栖霞区、雨花台区等近郊各区随着经济发展人口不断集聚，常住人口增加明显，建设用地也均有不同幅度增长，成为绿色基础设施遭受侵蚀的重点区域。此外，随着城市影响力不断提升，一些赛事会议等的承办也能够极大地促进区域内各类开放空间尤其是体育公园、健身广场等绿色基础设施要素的建设（表 7.6）。

表 7.6 2005~2020 年南京市重大社会文化事件

年份	重大社会文化事件	发生地点
2005	全国运动会	南京奥体中心（建邺区）、江宁体育中心（江宁区）
2006	世界历史文化名城博览会	中华门（秦淮区）
2008	亚洲气枪射击锦标赛	方山体育训练基地（江宁区）
2013	亚洲青年运动会	南京奥体中心（建邺区）
2013	世界屋顶绿化大会	紫金山庄（玄武区）
2014	青年奥林匹克运动会	南京奥体中心（建邺区）、南京青奥体育公园（浦口区）
2017	世界女排大奖赛	南京奥体中心（建邺区）
2018	世界羽毛球锦标赛	南京青奥体育公园（浦口区）
2019	国际篮联篮球世界杯	南京青奥体育公园（浦口区）
2020	世界室内田径锦标赛	南京青奥体育公园（浦口区）

注：作者根据相关资料整理

3）政府调控力对绿色基础设施格局演化具有较强正向作用

规划政策对南京市绿色基础设施产生正向影响，在 10%水平上显著。通过生态城市规划，绿地规划，生态红线划定，生态空间保护区域划定及土地、产业等政策的实施，绿色基础设施布局结构的合理性和科学性得到强化；同时，相关管制措施与鼓励制度对绿色基础设施格局演化产生了较大的引导和促进作用，生态环境保护对建设用地蔓延的约束力日益提升，正向作用显著。南京市 2000 年以来发布的城市绿地系统规划、生态红线区划定、土地利用结构调整等政策均对绿色基础设施的规模变化、空间梯度变化及模式演变产生了重要影响（表 7.7）。

表 7.7 2000 年以来南京市相关政策文件

年份	政策文件	部门
2000	《南京市主城绿地系统规划》	南京市规划局；南京市绿化园林局
2004	《南京市政府关于实施"绿色南京"战略建设生态市的意见》	南京市人民政府
2004	《南京市林地管理条例》（2004 修订）	南京市人民代表大会常务委员会

续表

年份	政策文件	部门
2006	《南京市生态市建设规划纲要》	南京市人民政府
2007	《南京市水资源保护条例》	南京市人民代表大会常务委员会
2011	《南京市"十二五"绿色城市发展规划》	南京市人民政府
2013	《南京市市级生态公益林管理办法》	南京市人民政府
2013	《南京市绿道规划》	南京市绿化园林局
2014	《南京市生态红线区域保护规划》	南京市人民政府
2014	《南京市加快推进生态文明建设三年行动计划（2015—2017）》	南京市人民政府
2016	《南京市生态保护补偿办法》	南京市人民政府
2016	《南京市"十三五"生态环境保护规划》	南京市人民政府
2018	《南京市湿地保护规划（2018—2030）》	南京市绿化园林局
2018	《南京市创建国家生态园林城市工作方案》	南京市人民政府
2019	《南京市永久性绿地管理规定》	南京市人民政府
2019	《南京市园林绿化工程建设管理办法》	南京市人民政府
2019	《南京市生态文明建设规划2018—2020（修编）》	南京市人民政府
2020	《江苏省生态空间管控区域规划》	江苏省人民政府
2021	《南京市"十四五"生态环境保护规划》	南京市人民政府

公共投资对南京市绿色基础设施具有显著正向作用，在 5%水平上显著。绿色基础设施建设离不开经济投入，政府通过增加公共投资能够为绿色基础设施的营建与管理提供有力保障（表 7.8），对绿色基础设施数量与质量提升产生促进作用，同时还可以对市场产生引导性作用。政府对绿色基础设施建设的重视程度日益提高，公共投资较多的南京市主城在此期间逐渐成为绿色基础设施增加的主要转移区，绿色基础设施建设得到推进。

表 7.8　南京市绿色基础设施建设投入变化（单位：万元）

类别	2015 年	2016 年	2017 年	2018 年	2019 年	2020 年	备注
城乡基础设施建设支出	150	3 123.08	4 979.52	11 870.7	4 910.3	2 661.68	城市建设、农村基础设施建设、城市基础设施配套费
林业支出		448.02	883.49	654.2	1 022.36	1 550.45	森林培育、森林资源管理与监测、动植物保护、湿地保护、林业防灾减灾
城乡社区支出	2 171.62	3 830.81	5 850.91	11 081.16	9 179.16	6 891.82	城乡社区规划与管理、城乡社区环境卫生、其他支出
合计	2 321.62	7 401.91	11 713.92	23 606.06	15 111.82	11 103.95	

注：数据来源于南京市绿化园林局，2015 年南京市林业局并入南京市绿化园林局，因此 2015 年及以前林业相关数据缺失

第8章　绿色基础设施供需测度及其格局变化

绿色基础设施可为城市居民提供生态系统服务供给，同时城市居民的生活福祉和身心健康有赖于绿色基础设施的支持。科学测度供给与需求有助于把握城市绿色基础设施供需匹配及其关系演进，为绿色基础设施格局优化提供理论依据。

8.1　供给测度与格局变化

作为提升人居环境质量的重要生态产品，绿色基础设施提供了多样化的生态系统服务，本章参考生态系统服务价值法，测算南京市绿色基础设施供给服务并分析其时空格局变化。

8.1.1　影响因素分析

绿色基础设施供需影响因素的判别对构建供需匹配机制具有重要指导意义。自然条件的好坏决定绿色基础设施供给情况，也会对时空格局变化产生较大影响，一般采用定性结合定量的方法进行综合评价。从自然要素看，良好的气候、地形、水文和土壤等条件有利于动植物生长，促进绿色基础设施扩张（陈雪，2017）。其中，气温、日照时数和降水量决定森林生长状况和草地类型（阮俊杰等，2012；苏力德等，2015），降水量和日照时长通过影响植被覆盖度，从而影响生态用地的数量（张文慧等，2019）。优越的自然环境有利于建设公园（吴思琦，2018），地质地貌和自然水体是公园空间分布的主要影响因素（刘娟娟，2010）。此外，斑块的连通性和整体性是绿色基础设施实现空气净化、水文和温度调节等功能的基础（裴丹，2012；陈晨等，2019）。社会经济发展通过改变土地利用类型影响绿色基础设施空间分布格局（Kaim，2017），并对景观结构、空间特征以及斑块大小起着重要作用（Nüsser，2001）。人口的增长、经济的发展、需求结构的变化等都是绿色基础设施供给变化的主要影响因素（毕俊亮，2014）。

8.1.2　供给测度方法

绿色基础设施作为提升人居环境质量的重要生态产品，提供了多样化的生态系统服务，其服务种类和强度受土地利用结构和格局影响，尤其是陆地生态系统的类型、面积及其服务功能等。参考生态系统服务价值法，根据土地利用结构变化对绿色基础设施供给服务水平进行测算，同时对特定区域的绿色基础设施供给时空变化格局进行分析。生态系统服务价值是指人类直接或间接通过生态系统的结构和功能所获取的多元化服务及产品，包括供给服务、调节服务、支持服务和文化服务四个方面（谢高地等，2015；李文华等，2009）。核算方法主要有当量因子法、生态足迹法、功能价值法、估算法以及投入产出分析法等（刘海龙等，2014）。其中，当量因子法具有数据易获取、系数可借鉴等优势，其应用最为广泛。参考谢高地等（2015）的研究，采用生态系统服务供给水平测度常用的土地利用测度法，即根据土地利用和土地性质对生态系统服务水平进行评价，同时结合绿色基础设施功能分类及南京市所拥有的类型，构建与研究区相适应的生态系统服务价值核算指标体系及其当量系数（表 8.1）。数据来源于 GlobeLand30，选取 2000 年、2010 年和 2020 年南京市的林地、草地、湿地和水域面积数据，分别从供给服务、调节服务、支持服务、文化服务 4 个大类 11 个小类对绿色基础设施供给进行测算（骆新燎，2022）。

表 8.1　生态系统服务价值核算指标体系及其当量系数

服务类型	指标	林地	草地	水域
供给服务	食物生产	0.29	0.22	0.80
	原材料生产	0.66	0.33	0.23
	水资源供给	0.34	0.18	8.29
调节服务	气体调节	2.17	1.14	0.77
	气候调节	6.50	3.02	2.29
	净化环境	1.93	1.00	5.55
	水文调节	4.74	2.21	102.24
支持服务	土壤保持	2.65	1.39	0.93
	维持养分循环	0.20	0.11	0.07
	生物多样性	2.41	1.27	2.55
文化服务	美学景观	1.06	0.56	1.89

　　由于经济价值精度会直接影响生态系统服务价值测算的最终结果，结合南京市实际生产力，选取小麦、稻谷、大豆作为主要粮食作物种类，依据式（8.1）对其进行修正。通过历年《南京市统计年鉴》《全国农产品成本收益资料汇编》，确定 3 种粮食作物的播种面积、每公顷产量、总产量以及粮食价格。为消除价格波动、自然因素对测算结果的影响，进行不变价与均值处理。在单位面积生态系统服务价值当量及其经济价值的基础上（表 8.2），根据式（8.2），计算得出南京市

单位面积的供给系数。具体公式为

$$E_A = \frac{1}{7}\sum_{i=0}^{n}\frac{p_i m_i q_i}{M} \tag{8.1}$$

$$\mathrm{DC}_k = D_{ij} \times E_A \tag{8.2}$$

其中，E_A 为 1 个标准当量因子的供给（元/km²）；n 为主要粮食作物类别数；q_i 为第 i 种粮食作物播种的面积；m_i 为第 i 种粮食作物的平均价格；p_i 为第 i 种粮食作物单位面积的平均产量；M 为粮食作物播种总面积；DC_k 为生态系统服务供给能力；D_{ij} 为单位面积生态系统服务价值当量。

表 8.2　南京单位面积供给系数

服务类型	具体指标	林地/(元·km⁻²·a⁻¹)	草地/(元·km⁻²·a⁻¹)	水域/(元·km⁻²·a⁻¹)
供给服务	食物生产	55 056.21	41 766.78	151 879.20
	原材料生产	125 300.34	62 650.17	43 665.27
	水资源供给	64 548.66	34 172.82	1 573 848.21
调节服务	气体调节	411 972.33	216 427.86	6 183.73
	气候调节	1 234 018.50	573 343.98	4 754.21
	净化环境	366 408.57	189 849.00	1 053 661.95
	水文调节	899 884.26	419 566.29	410 161.76
支持服务	土壤保持	503 099.85	263 890.11	176 559.57
	维持养分循环	37 969.80	20 883.39	13 289.43
	生物多样性	457 536.09	241 108.23	484 114.95
文化服务	美学景观	201 239.94	106 315.44	358 814.61

作为绿色基础设施的核心评价指标之一，连通性是其发挥生态系统服务与功能的关键。为更精准把握南京市绿色基础设施供给量及其空间分布，在供给测算中引入连通性指数，基于 ArcGIS 10.5 软件和 Conefor 2.6 软件，计算绿色基础设施的连通性。

8.1.3　供给格局变化

2000～2020 年，南京市绿色基础设施服务总供给呈先减少后增加的趋势（图 8.1）。其中，2000～2010 年总供给由 6.46 亿元减少到 6.44 亿元，地均供给和人均供给分别减少了 0.04 万元/km² 和 0.28 元/人，总体降幅较小。以水域、湿地为主的绿色基础设施面积大幅增加，但紫金山、老山、云台山等森林面积不断萎缩，且平均连通性下降 18.37%，导致其服务供给总体呈小幅下降，前期生态系统服务供给受连通性降低和森林减少影响较大。2010～2020 年，以水域为主的绿色基础设施面积虽有大幅减少，但连通性提高了 28.41%，带动生态系统服务供给大幅度提高。

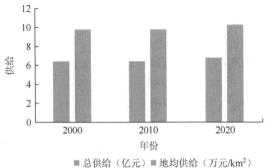

图 8.1　2000～2020 年南京市绿色基础设施供给能力

　　2000～2020 年，南京市主城区绿色基础设施服务供给增幅高于郊区，5 个郊区主要依托山丘森林绿地与河流湖泊水域等要素共同支撑，20 年间供给价值增幅达 2.3 倍；主城境内山丘面积相对较小，主要供给源自长江干流、内外秦淮河、入江河流、各类景区以及公园绿地等，供给价值增幅达 3 倍多。主城 6 个辖区中，秦淮区和雨花台区分别减少 6.27%和 5.08%，其余各区均有不同程度增加，其中鼓楼区和玄武区增幅较大，分别为 37.24%和 32.00%，这是由于中心城区实施产业"退二进三"、工业企业搬迁，用地性质发生了转换，另外城市化向主城以外推进，包括建设新城新区、扩展城市框架，中心城区重要生态用地面积逐步增加，水气环境质量明显改善，主城区供给价值整体较快提高（图 8.2）。

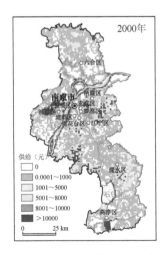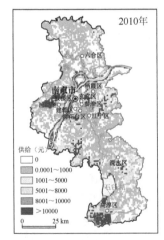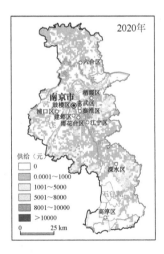

图 8.2　2000～2020 年南京市绿色基础设施服务供给分布格局

8.2　需求测度与格局变化

人类活动、经济活动、工业发展等使得人口和产业在大城市中集聚,然而空气污染、交通拥堵等城市问题降低了人们的生活质量,绿色基础设施成为满足城市居民对美好生活需要的重要手段。本节基于社会、经济、生态和环境四方面的需求,综合测算与评价城市绿色基础设施需求及其时空格局变化。

8.2.1　影响因素分析

绿色基础设施需求主要受社会经济发展水平的影响,但相关研究较少。国家和区域政策法规决定了生态环境保护力度和城市内部需求分布(陈雪,2017;余瑞林等,2009)。居民经济收入和生活水平的提高增加了绿色基础设施的需求(苏文航,2015),历史文化积淀、人口分布以及重大社会事件等也会促进对公园的需求(王女英等,2015)。此外,城市系统的发展需要绿色基础设施提供生境基础、物质产品、环境调控与社会效应(王云才和熊哲昊,2018)。在公众意识及其参与程度、环境正义视角下,不同居住环境会影响城市居民对绿色基础设施的需求,从而影响绿色基础设施的供给与需求匹配关系。经济发展水平不仅是绿色基础设施格局演变的主要因素,也是影响其需求的核心要素。一方面,GDP、固定资产投资和土地开发强度的增长需要绿色基础设施提供更多的生态系统服务。经济好的区域能够吸引高学历、高素质人才落户,从而提高常住人口密度和城镇居民人均可支配收入,并对生产生活环境提出更高要求,进一步提升绿色基础设施的社会、生态与环境需求。另一方面,固定资产投资的独特性会间接提高区域的经济需求和社会需求。整体上,自然条件是绿色基础设施初始分布的决定因素,对自然空间和半自然素的供给水平起着重要的作用,而社会经济要素不仅会改变绿色基础设施空间格局,也会促进居民生活、社会生产等活动对绿色基础设施的需求。

8.2.2　需求测度方法

1. 需求评估指标

绿色基础设施提供的生态系统服务对维持城市化地区的生态安全以及保障经济社会的可持续发展具有重要的作用。综合考虑城市发展与环境保护对绿色基础设施服务的需求，分别从社会、经济、生态、环境四个维度，选取人口密度、建筑密度、夜间灯光、城市开发程度、碳排放、破碎化、地表温度和 $PM_{2.5}$ 等 8 个指标进行综合评估（骆新燎，2022）。

1）社会需求

随着城市化发展不断深化，城市发展具有高人口密度、高开发强度及高生态需求等诸多特点。城市人口密度过高将会造成水资源紧张、交通拥挤、环境污染等，而完善的绿色基础设施有助于疏解人口密集带来的问题，有利于增进民生福祉、改善身心健康。城市承载了大量人口，建筑密度不断增加，城市的工作生活使得居民产生了到公园、绿地等自然环境中健身运动的需求，以释放压力和满足精神需要，因此随着建筑密度的增加，绿色基础设施的需求也不断增加。

2）经济需求

城市夜间灯光亮度代表了城市的经济发展水平（毛中根等，2020；史贝贝等，2017），经济发展水平越高的地区对绿色基础设施需求越强。同时，绿色基础设施的需求与经济发展水平存在密切关系，主要体现在城市开发程度越高，越需要绿色基础设施的配套和完善。因此，经济方面选取夜间灯光与城市开发程度作为代表性指标。

3）生态需求

城市的运行需要消耗大量能源和氧气，诸如工业废气和汽车尾气排放了大量污染物和二氧化碳，然而温室气体排放会导致气候变暖、空气质量下降等生态环境问题，因此城市绿色基础设施对于净化空气、吸收碳排放具有重要作用。同时，城市开发建设割裂了城市绿色廊道，导致了城市景观格局的破碎化，进而削弱了绿色基础设施的服务功能。因此，生态方面选取碳排放与破碎化作为代表性指标。

4）环境需求

城市内部建筑物、道路等导致热量扩散不畅，形成热岛效应，绿色植被可以通过遮阴、蒸腾蒸发作用降低周围气温，提供高温调节服务，因此选取地表温度指标衡量城市居民对绿色基础设施气温调节功能的需求水平。另外，绿色植被可以吸附空气中的污染物、净化空气等功能，因此选择地表温度、$PM_{2.5}$ 来衡量环境需求水平。

2. 权重确定

运用 ArcGIS 10.5 软件，构建南京市 1km×1km 渔网，提取区域内各指标的数值，并在数据归一化下，通过熵值法确定各指标权重（表 8.3）。在此基础上，利用栅格计算器分别计算社会需求、经济需求、生态需求、环境需求及总体需求。

表 8.3　绿色基础设施需求测度指标及权重

项目	类别	信息熵值 e	信息效用值 d	权重系数 w
社会需求	人口密度	0.9412	0.0588	18.80%
	建筑密度	0.9541	0.0459	14.66%
经济需求	夜间灯光	0.9448	0.0552	17.65%
	城市开发程度	0.9738	0.0262	8.37%
生态需求	碳排放	0.9461	0.0539	17.24%
	破碎化	0.9311	0.0689	22.02%
环境需求	地表温度	0.9997	0.0003	0.09%
	PM$_{2.5}$	0.9963	0.0037	1.17%

3. 数据来源与处理

1）人口密度

人口网格数据来源于中国科学院资源环境科学与数据中心，研究选取 2000 年、2010 年两个年份的数据（徐新良等，2017）。根据 2019 年手机信令数据和南京市第七次全国人口普查数据推算 2020 年南京市人口空间分布情况。具体公式如下：

$$R_i = \mathrm{POP}_j \times (q_i / Q_j) \qquad (8.3)$$

其中，R_i 为第 i 个单元的人口数；POP 为第 j 个区的第七次人口普查数据；q_i 为第 i 个单元的手机信令值；Q_j 为第 j 个区的手机信令总值。

2）建筑密度

2000 年和 2010 年建筑面积数据来源于《南京市房地产年鉴》，2020 年建筑面积数据来源于水今注信息服务平台。考虑到数据的可获取性、精度性和尺度性，采用 1 km 网格计算区域内的建筑密度。具体公式如下：

$$R_i^t = m_t (0.5 y_{it} + 0.5 r_{it})_g / S_i \qquad (8.4)$$

其中，R_i^t 为 t 年第 i 个单元的建筑密度；t 为 2000 年、2010 年和 2020 年；S_i 为第 i 个单元的建设用地面积；m_t 为 t 年的建筑面积；y_{it} 为 t 年第 i 个单元的夜光指数；r_{it} 为 t 年第 i 个单元的人口数；g 为归一化指数。

3）夜间灯光

研究证明夜间灯光变化受城市化和工业化水平影响，与经济指标有着直接的关联（徐康宁等，2015；卓莉等，2015）。夜间灯光值越高则经济发展越好，对绿色基础设施需求越大，反之则越小。数据来源于美国国家环境信息中心，三期夜间灯光数据均经过相互校正、连续性校正、影像合成以及去噪等预处理过程。

4）城市开发程度

城市开发程度越高则说明该区域土地经济效益越好，地价则相对，反之则土地经济效益差。具体公式如下：

$$L_i = B_i / S_i \tag{8.5}$$

其中，L_i 为第 i 个单元的城市开发程度指数；B_i 为第 i 个单元内建设用地的面积；S_i 为第 i 个单元的建设用地总面积。

5）碳排放

根据南京市能源使用的种类和数量，使用电、原煤、焦炭、天然气、汽油、液化石油气等高碳排放能源，核算区县级能源使用情况，并结合夜间灯光、人口等数据，采用全社会耗电量结构，计算夜间灯光及人口数据的空间参数，合理确定南京市能源消耗的空间分布情况。结合相关参考文献，确定主要能源的碳排放系数（胡初枝等，2008）。能源数据来源于江苏省环境统计资料和历年《南京市统计年鉴》（表 8.4）。具体公式如下：

$$\begin{cases} \beta_n = c_n / S_n, \ \gamma_n = b_n / S_n \\ C_i = (\beta y_{in} + \gamma r_{in})_g \sum m_{jn} \alpha_j \end{cases} \tag{8.6}$$

其中，β_n 为第 n 年的夜间灯光参数；γ_n 为第 n 年的人口参数；c_n 为第 n 年的产业耗电量；S_n 为 n 年的全社会耗电量；b_n 为第 n 年的城乡居民耗电量；C_i 为第 n 年第 i 个单元的碳排放量；y_{in} 为第 n 年第 i 个单元的夜间灯光指数；r_{in} 为第 n 年第 i 个单元的人口数；g 为归一化指数；m_{jn} 为第 n 年第 j 类能源消耗量；α_j 为第 j 类能源碳排放系数。

表 8.4　各类能源的碳排放系数

类型	碳排放系数
煤炭	0.7329
石油	0.5574
天然气	0.4226
电	0.7330

6）破碎化

通过 ArcGIS 10.5 计算绿色基础设施的破碎化指数，破碎化计算公式如下：

$$P_i = S_{GLi} / M_{GLi} \tag{8.7}$$

其中，P_i 为第 i 个单元的破碎化指数；M_{GLi} 为第 i 个单元内绿色设施的面积；S_{GLi} 为第 i 个单元内绿色基础设施的数量。

7）地表温度

2000～2020 年南京市地表温度数据是利用地理空间数据云 Landsat 系列数据，采用大气校正法进行反演。为确保具有可比性，分别采用 2000 年 6 月、2010 年

5 月和 2020 年 5 月的遥感卫星影像数据，得到 2000 年、2010 年和 2020 年同时期平均气温分别为 26.2℃、25.3℃和 25.4℃，与实际气温较符合。大气校正法计算步骤如下所示（图 8.3）。

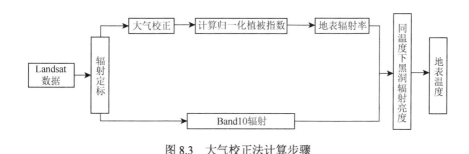

图 8.3　大气校正法计算步骤

8）PM$_{2.5}$

PM$_{2.5}$ 数据来源于美国国家航空航天局地球观测系统数据和信息系统中的社会经济数据与 1998～2020 年全球年度 PM$_{2.5}$ 网络数据。

8.2.3　需求格局变化

1. 社会需求

随着南京市人口规模与建筑密度增加，绿色基础设施的社会需求先增后减，整体有所增加，由 2000 年的 0.0112 增加到 2010 年的 0.0273，又减少到 2020 年的 0.0248。受建筑密度的空间差异影响，各区社会需求变化特征存在差异性。主城内建邺区和雨花台区社会需求先减后增，玄武区和秦淮区增幅分别达到 252%和 429%；自 2000 年以来，南部三区获得更多的发展机会，人口和建设用地面积不断增加，建筑密度有所提升，社会需求不断上涨。

在空间上，南京市绿色基础设施社会需求主要集中在主城区、S8 沿线、江宁区北部、禄口街道、溧水区和高淳区的政治文化中心等地区，受人口在这些地区集中影响较大。2000 年，社会需求具有明显的工业经济导向，需求最高的地区位于 1949 年以来南京市工业最为发达的葛塘街道、盘城街道和大厂街道交界处；2010 年，高社会需求转移到以新街口为中心的市中心和浦口区中部；江宁区中部部分地区社会需求明显高于周边地区，主要是由于建筑密度较高；随着城市功能布局进一步完善，高需求分布更加广泛，2020 年以服务业为主的市中心仍然是社会需求最高的区域，另外雨花经济开发区、雄州街道和葛塘街道等制造业发达地区人口集聚，社会需求也相对高。

2. 经济需求

城市高质量发展背景下，土地利用更加趋向于集约节约，夜间灯光高值区也更加趋向于集中。因此，南京市绿色基础设施的经济需求由 0.0946 降低到 0.0260，降幅达到 72.52%。其中，经济最为发达的主城区经济需求逐年下降，降幅达到 60% 以上；近郊和远郊各区经济发展相对滞后，2000~2010 年经济需求大幅度下降，但随着 2010~2020 年固定资产投资增加，经济需求不断增长。

在空间上，高需求集聚主要分布在主城区、S8 沿线、江宁区北部、禄口街道、溧水区和高淳区的政治文化中心等地区。2000 年，经济需求核心是以鼓楼、玄武区、建邺区和秦淮区交界处为中心的市区；2010 年，经济需求的核心由市中心转移到河西城市新中心，随着南京市不断疏解老城区压力，建立河西城市新中心，大量的企业落户建邺区，其高需求面积不断增加；2020 年，以新街口为核心的市中心和以南京南站为核心的高铁新城仍然是经济高需求区。

3. 生态需求

在生态环境保护力度加强的背景下，因城市建设用地扩张和人口持续增长而产生生态空间减少和生态空间破碎化，南京市绿色基础设施的生态需求逐年增加，由 2000 年的 0.0160 增加到 2020 年的 0.0319，增幅达 99.4%。随着人民生活质量的提高，各地区生态需求均有所增加，其中，高淳区、玄武区和鼓楼区增加幅度较大，分别达到 68.96%、63.11% 和 58.57%。其次为栖霞区、建邺区、溧水区和六合区，均增加了 40%。江宁区由于开发建设强度高，绿色基础设施网络中心不断被侵蚀，破碎化程度较高，且工业发达，人口最多，生态需求增加幅度最大。

在空间上，南京市绿色基础设施生态需求格局以鼓楼区为核心，2000 年，受城市向外扩张和沿江开发建设的影响，主城外围景观破碎化加剧，导致环江南主城和江北新主城零散分布着高生态需求；2010 年，鼓楼区生态需求有所减少，南京化学工业园区、龙袍新城东南部等制造业发达地区生态需求高；到 2020 年，由于主城区制造业的转移，长江（南京段）中游北部沿线承接了大量的制造企业，高生态需求区的面积稳步增加，同时南京高铁枢纽经济区的社会经济效益凸显，碳排放稳步增加且破碎化加剧，生态需求增加。

4. 环境需求

2000 年以来，南京市颁布了水、大气和土壤的污染防治管理条例，环境治理水平不断改善，平均环境需求总体维持在 0.0113~0.0114。雨花台区的环境需求基本保持不变，而主城其他各区的环境需求略有增加，增量基本处于 0.0005 以下；

浦口区和六合区由于承接了主城区大量的制造业企业，环境需求呈波动变化；江宁区、溧水区和高淳区的生态环境得到较大改善，环境需求有所下降（图 8.4）。

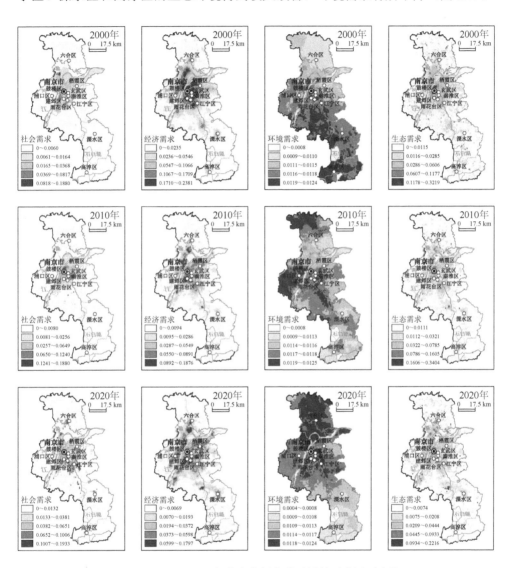

图 8.4　2000～2020 年南京市绿色基础设施需求因子变化

在空间上，南京市绿色基础设施环境需求的空间分布变化明显，受 $PM_{2.5}$ 空间分布的影响，高需求区由南向北转移。2000 年，高环境需求区主要集中在长江沿岸、江宁中部和南部、溧水东部和南部、高淳区中部和西部等地；2010 年，高环境需求区转移到六合北部、浦口东部、南京高铁枢纽经济区、南京空港枢纽经济区等地区；受工业企业的污染治理需求，浦口区环境需求快速增加；2020 年，溧水区和高淳区的环境需求大幅下降，高环境需求区则集中在六合区、主城区和江宁北部（图 8.5）。

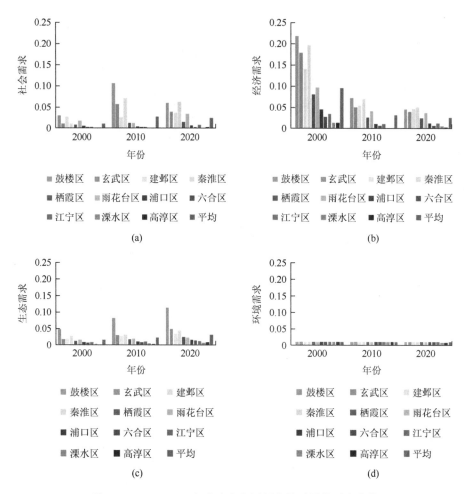

图 8.5　2000～2020 年南京市各区绿色基础设施需求变化

5. 总体变化

2000～2020 年，南京市绿色基础设施总需求逐年减少，具有中心高、外围低的圈层分布特征，形成以玄武区、鼓楼区、秦淮区、建邺区和栖霞区为主的中心减少区，以浦口区、雨花台区、江宁区和溧水区为主的近郊先减后增区，以六合区和高淳区为主的远郊减少区。其中，2000 年高需求区呈主次核心分布格局，主核心位于以湖南路街道为中心的南北 7 km、东西 5 km 的区域，次核心位于葛塘街道和大厂街道等居住区。2010 年高需求区大面积减少，中心城区的高需求逐步移向江北的化学工业园区。2020 年总需求进一步降低，以玄武区、建邺区、鼓楼区和秦淮区交接处的主城区为核心，向 S8 沿线、江宁区北部、西部、溧水区和高淳区的政治文化中心集聚（图 8.6）。

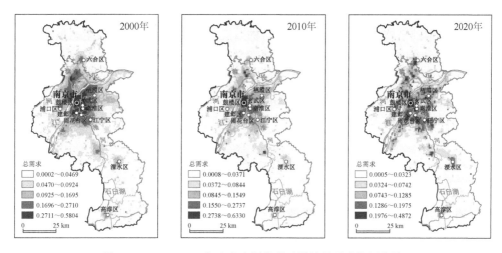

图 8.6　2000～2020 年南京市绿色基础设施总需求格局变化

第9章 供需关系演进及其适配分区

绿色基础设施供给与需求具有显著的效应，对维护城市或区域生态系统稳定与安全，推动城市高质量发展具有重要意义。城市绿色基础设施供需关系的演进会影响城市空间未来发展决策。本章基于南京市绿色基础设施供给和需求的空间分布特征，依据供需之间的适配关系演进规律及其变化，科学划定供需适配分区，为格局优化区域优先序的确定提供科学依据。

9.1 供给效应评价

绿色基础设施是一个服务于环境、社会和经济健康的自然生命支持系统，能够产生生态、社会、经济等多重效应。运用可达性网络法与场强模型法分别对社会效应与生态效应进行量化，从服务多元化视角测算绿色基础设施服务供给的综合效应，进行空间分区等级评价。

9.1.1 社会效应

采用可达性研究中的网络分析法，探讨绿色基础设施社会效应。网络分析法是基于完备的网络系统数据和行动规则，对目标对象进行空间分析的过程（袁熠，2015；刘常富等，2010）。一个基本的网络主要包括中心、连接、节点和阻力（李小马和刘常富，2009）。在可达性研究中，此方法能够以城市道路网络数据为基础，计算某种交通方式下设施点在居民行进阻力值下的覆盖范围（刘常富等，2010），能够反映绿色基础设施对周边地区的社会服务范围（图9.1），范围内涵盖人口即为服务人口。在某一时间段内绿色基础设施服务范围越大、人口越多，说明其社会效应越强。

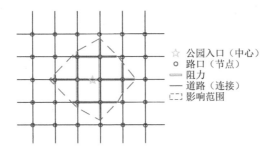

图 9.1 网络分析法示意图

居民对半自然及人工要素的使用主要为日常休闲游憩，故选择步行为出行方式。根据相关研究，合适的设施点应该设置在居民步行 15 分钟的距离之内（袁熠，2015），居民的理想出行时间在 30 分钟以内（赵英杰等，2018）。因此，将出行时间划分为 0～5 分钟（含）、5～15 分钟（含）、15～30 分钟三个等级，步行速度设置为 5 km/h。道路网络数据来源于 OSM（open street map，开放街道地图）数据库，因主要考虑步行可达性，故排除了高速公路与轨道交通，提取各级道路并计算其长度，建立城市步行道路网络数据库。在此基础上，以进入绿色基础设施要素的实际入口作为可达点，利用 ArcGIS Network Analyst 模块分析服务范围，并通过与街道人口密度数据叠加统计服务人口。

南京市绿色基础设施供给的社会效应在空间上表现出明显的不均衡性，半自然及人工要素 30 分钟可达时间内服务水平存在较大差异（图 9.2），总体呈中心高、逐渐向外围递减的空间格局。鼓楼区、玄武区、秦淮区、建邺区、雨花台区等可达区域较为密集，辖区社会效应水平较高；栖霞区、浦口区、江宁区，可达区域集中分布在一些街道；六合区、溧水区、高淳区服务范围较小，主要位于中心建成区，绝大部分区域都不在服务范围之内，社会效应水平整体较低。

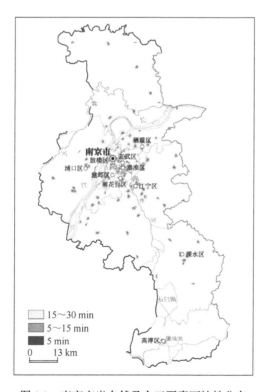

图 9.2　南京市半自然及人工要素可达性分布

对不同可达时间段内各辖区服务面积与服务人口进行统计，进一步分析社会效应的空间分布特征。各区服务面积随可达时间增加呈增长趋势，差异也进一步扩大。其中，秦淮、鼓楼、玄武、建邺等区服务面积占比相对较高，增加幅度也较大，秦淮区与鼓楼区 30 分钟内服务面积占比均在 80%左右，大部分区域在绿色基础设施服务范围内，社会效应较强；主城区外各辖区服务面积占比则明显偏低，高淳、溧水、六合、浦口等区均不足 10%，区内绿色基础设施社会效应较弱。与服务面积类似，各区服务人口随可达时间增加也呈不断增长趋势，各区差异进一步扩大。由于人口的集中集聚，主城区增加幅度最大，15 分钟可达时间内服务人口秦淮区最高，占比超过 70%，30 分钟可达时间内服务人口秦淮、鼓楼、建邺区较高，均超过 90%，意味着区内绝大多数居民都能在半小时之内到达绿色基础设施享受服务，社会效应水平较高。而主城区外的高淳、溧水、六合、江宁等区服务人口比例均较低（图 9.3）。

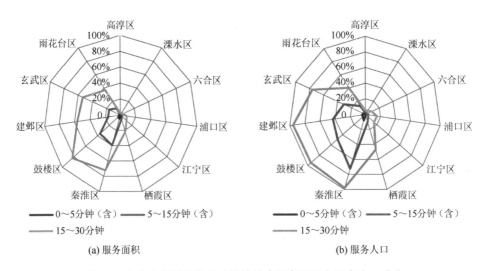

(a) 服务面积　　　　　　　　　　　　(b) 服务人口

图 9.3　南京市各区绿色基础设施社会服务面积与服务人口分布

事实上，居民往往不仅局限于到某一处设施点进行活动，在可接受时间范围内拥有的选择越多，享受的服务越丰富，则绿色基础设施社会效应越强。对各辖区 30 分钟可达时间内受到多要素（≥2）服务的面积和人口进行统计发现，主城区内玄武、秦淮、鼓楼、建邺四区仍处于领先，超过 50%的居民在 30 分钟内能够到达绿色基础设施多个要素进行活动，选择性更强，社会效应水平较高（图 9.4）。总体看来，主城各区半自然及人工要素数量较多，加之人口集聚程度较高，路网密集，因此服务面积与人口占比及增长幅度均相对较高，在要素可选择性上也占据优势，绿色基础设施社会效应明显较高，其他各区则相对较低。

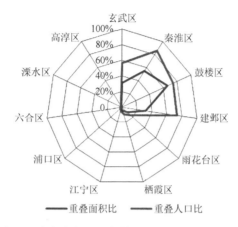

图 9.4　南京市各区绿色基础设施多要素服务分布

9.1.2　生态效应

运用场强模型法分析绿色基础设施生态效应。场强的概念来源于物理学，用于表示中心粒子对周边物质的辐射影响，并遵循距离衰减规律（陈政，2017），在经济地理学研究中已得到较广泛应用（邱岳等，2011；王丽等，2011）。与此相似，绿色基础设施的自然生态要素斑块作为区域内重要的生态核心区，其生态服务功能也会发生空间流转对周围地区产生辐射影响，且随着距离的增大呈现逐渐衰减的特征（张婷，2015；范小杉等，2007）。因此，引入场强模型来计算绿色基础设施生态服务对周围地区的辐射强度，并在 ArcGIS 中按照分位数分级标准将生态辐射强度分为 10 个等级，辐射强度越大则说明生态效应越强。场强模型计算公式如下：

$$F_k = \sum_{i=1}^{n} \left(\frac{N_i}{D_{ik}^{\alpha}} \right) \tag{9.1}$$

其中，F_k 为区域内 k 点上的辐射强度；N_i 为第 i 个绿色基础设施斑块的生态服务价值；D_{ik} 为第 i 个斑块到点 k 的距离；n 为斑块的数量；α 为距离摩擦系数。

其中，生态服务价值参照谢高地等（2015）提出的中国陆地生态系统单位面积服务价值表进行核算。此外，参考相关研究，以 500 m 的缓冲距离作为长江段设置缓冲区，以 300 m 缓冲距离作为秦淮河、滁河设置缓冲区，缓冲区范围内河流生态功能较为明显。

整体上，南京市绿色基础设施在北部、中部及南部形成三大生态效应较强的区域，尤以中部与南部最高。中部地区生态斑块较多，同时长江、秦淮河、滁河等河流将其进行有效连通，生态服务供给较强；南部地区生态斑块自身生态辐射能力较强，分布紧凑，生态辐射较高区域相连聚集成团状，生态服务供给较强。这种空间格局与南京市的自然禀赋空间分布相呼应，也决定了不同辖区之间所获得的绿色基础设施生态服务具有差异性，生态效应分布不均衡。

从生态辐射前五个等级覆盖范围看，覆盖比例较高的主要有玄武区、建邺区、溧水区和高淳区，均超过70%，生态效应较强。其中，由于玄武区与建邺区自身面积较小，而玄武区内又拥有玄武湖、紫金山等自然生态要素，建邺区又位于长江沿岸并邻近重要湿地，两区内绿色基础设施要素占比较高，超过90%的区域能接受到较强的生态辐射；溧水区与高淳区内分布大面积的林地、湖泊等自然生态要素，生态辐射能力较强、范围较广。江宁、栖霞和浦口等区也分布一定比例的强生态辐射区域，分别为50%、37.6%、54.5%。此外，六合区内生态斑块辐射能力相对较弱，仅占21.5%（图9.5）。总体上，具有或邻近大型自然生态要素的区域受生态辐射的影响较大，生态效应较强，反之较弱。

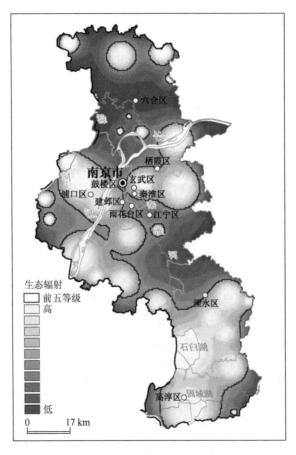

图9.5　南京市绿色基础设施生态效应分布

9.1.3　综合效应

　　从生态效应与社会效应两方面,综合评价南京市绿色基础设施供给效应。将
30 分钟内可达范围划分为强社会效应区,其他区域为弱社会效应区;将生态辐射
强度前五个等级覆盖范围及河流缓冲区划分为强生态效应区,其他区域为弱生态效
应区,通过叠加分析得到南京市绿色基础设施综合供给效应。在此基础上,将各辖
区划分为高供给区域、较高供给区域、较低供给区域、低供给区域四个类型(图9.6)。

图 9.6　南京市绿色基础设施供给效应等级分布

　　高供给区域是社会效应与生态效应均较强的区域,主要分布在中心城区,这
一区域具有或邻近自然生态要素,还有较多公园、广场、景点等半自然及人工要
素分布,而且交通网络密集,能有效得到生态辐射且社会效应较强。

　　较高供给区域是社会效应与生态效应均较强，但重合相对较少的区域，主要分布在外围的雨花台、栖霞、江宁、浦口等区。该区域的绿色基础设施综合效应由于社会效应和生态效应不匹配而大打折扣。

　　较低供给区域是以生态效应为主的区域，主要分布在溧水区与高淳区。由于自然禀赋条件优越，生态服务供给较强，但半自然及人工要素建设不足且交通网络密集程度较低，社会服务供给明显偏弱。

　　低供给区域是生态效应与社会效应均较弱的区域，主要分布在长江以北的六合区。由于没有且不邻近自然生态要素，生态服务供给较弱，加上大部分区域半自然及人工要素建设不足、交通网络不发达，社会服务供给也较弱。

9.2　需求效应测度

　　城市绿色基础设施作为一种公共服务设施，良好地发挥作用、满足居民需求是评估其效应的重要方面。本节通过调查使用人群对绿色基础设施的使用特征及对各项功能和配套建设的使用感知，综合评价绿色基础设施需求效应。

9.2.1　问卷调查

　　综合考虑绿色基础设施要素类型与居民访问强度，选取典型绿色基础设施点，对到达这些设施点进行游憩、娱乐或健身的居民，采用问卷调查形式，就居民文化程度，收入水平，出行特征，使用绿色基础设施的频率、目的、方式和对服务功能感受的心理特征以及满意度等关键因子进行信息采集，基于使用者的主体感受与反馈统计分析绿色基础设施服务需求的居民满意度。

1. 典型设施点

　　从南京市绿色基础设施组成要素中，兼顾每个区选择典型设施点，共 30 个（表 9.1），对其使用者进行问卷访谈（见附录），从居民感知角度评价绿色基础设施需求效应。

表 9.1　南京市典型绿色基础设施点

设施点	行政区	设施点	行政区
古林公园	鼓楼区	仙林湖公园	栖霞区
石头城公园	鼓楼区	乌龙山公园	栖霞区
西流湾公园	鼓楼区	天印公园	江宁区

续表

设施点	行政区	设施点	行政区
玄武湖公园	玄武区	江宁体育公园	江宁区
大钟亭公园	玄武区	石羊公园	江宁区
和平公园	玄武区	浦口公园	浦口区
东水关遗址公园	秦淮区	琼花湖公园	浦口区
月牙湖公园	秦淮区	凤凰山公园	六合区
汉中门广场	秦淮区	茉湖公园	六合区
莫愁湖公园	建邺区	八百桥公园	六合区
河西中央公园	建邺区	溧水体育公园	溧水区
莲花湖公园	雨花台区	秦淮源公园	溧水区
花神湖公园	雨花台区	宝塔公园	高淳区
雨花台风景名胜区	雨花台区	泮池园	高淳区
羊山公园	栖霞区	玉泉广场	高淳区

2. 问卷访谈

问卷访谈对象为到达绿色基础设施点进行游憩、休闲娱乐及运动健身的人，即主要活动人群，不包括商贩、清洁工、保安等管理人员。对使用者采用随机、匿名访谈方式。

问卷访谈时间为 2019 年的 6 月至 10 月，为了增加使用者的代表性，分别选取工作日与休息日的上午 7～10 点与下午 5～8 点。同时，为消除天气影响，以晴朗天气为主。

问卷访谈内容主要为使用者年龄、文化程度等基本信息，使用绿色基础设施的频率、时长、目的和方式等使用特征，以及对服务功能、配套建设的认知感受和需求程度等信息进行采集，基于使用者的主体感受与反馈分析绿色基础设施需求效应。

问卷访谈数量共有 960 份，剔除回答不全和自相矛盾的样本，获得有效问卷共 908 份，有效率为 94.58%。

9.2.2 使用特征

1. 使用者基本特征

在所有被访问对象中，男女比例相对均衡。男性使用者占比为 55.31%，略高于女性使用者的 44.69%，不同性别的绿色基础设施使用需求没有较大区别。

在年龄构成上，以中老年人口居多，45 岁及以上的中老年群体占总人数的66.82%，其中 60 岁及以上年龄段占总人数的比例达 37.17%，而 45 岁以下中青年人占比相对较少，最小的为 18～29 岁年龄段，为 13.27%。由于闲暇时间较多，老年人有较高的锻炼身体及社会交往诉求，绿色基础设施要素往往成为他们良好的户外休闲活动地点，所以对城市绿色基础设施的使用较多。

在受教育程度上，初中及以下学历占比最大，为 38.05%；其次是专科、本科，占 34.51%；研究生及以上人群占比最小，仅 4.42%。该结构与受访者年龄构成密切相关，初中及以下的较低学历主要分布在比例较大的中老年群体，较高学历主要分布于青、中年受访者群体。

此外，受访者绝大多数为本地常住居民，占 85.84%；少部分为暂住居民，包括大学生、租住者、探亲者等；另有少量为外地游客，仅占 2.65%。一定程度表明城市绿色基础设施的服务对象主要为当地居民，其行为、认知和感受等是绿色基础设施需求效应的重要反映（表 9.2）。

表 9.2　使用者基本情况统计

项目		比例
性别	男	55.31%
	女	44.69%
年龄	18 岁以下	0
	18～29 岁	13.27%
	30～44 岁	19.91%
	45～59 岁	29.65%
	60 岁及以上	37.17%
文化程度	初中及以下	38.05%
	高中、中专	23.01%
	专科、本科	34.51%
	研究生及以上	4.42%
身份	本地常住居民	85.84%
	暂住居民	11.50%
	短期游客	2.65%

注：表中数据进行过修约，存在合计不等于 100% 的情况

2. 使用者出行特征

从出行方式、出行频率、所需时长和停留时间四个方面分析使用者出行特征。

在出行方式上，步行是最主要的出行方式，超过 80% 的人通过步行到达绿色

基础设施，反映出使用者多来自绿色基础设施附近区域，人们倾向于就近选择活动场所。

在出行频率上，使用者对绿色基础设施使用频率总体较高，90%左右的人每周都会到周边进行活动，有 46%的人更是每天都来，由此可知绿色基础设施能够得到有效使用，其服务功能可以得到有效发挥。

在所需时长上，61%的人能够在 15 分钟以内到达绿色基础设施，所占比例最大，30%的人所需时长在 15~30 分钟（不含），因此绝大部分人能在 30 分钟内到达，总体较为便捷；仅 6%的人所需时长在 30~60 分钟。

另外，人们的停留时间主要集中在半小时至 1 小时和 1 小时至 2 小时范围内，占比分别为 40%和 38%，仅 11%的人在 2 小时以上。居民大多是在闲暇时间运动、休闲一段时间便离开，较少做长时间停留（图 9.7）。

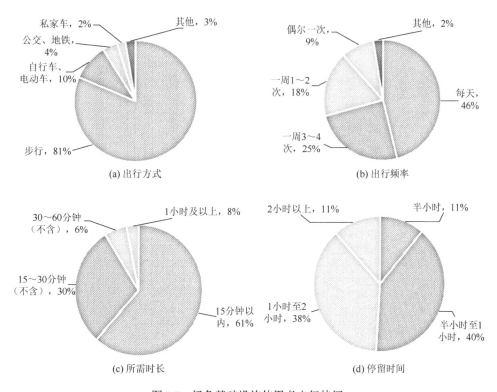

图 9.7　绿色基础设施使用者出行特征

3. 使用者使用方式

绿色基础设施为居民日常休闲活动提供了场所，人们对绿色基础设施的使用主要包括运动健身、休闲娱乐与社会交往三个类型，其中又主要集中于运动健身和休闲娱乐两方面（图 9.8）。

在各活动项目中，散步出现的频率最高，超过 70%，显著高于其他活动项目；其次是休息、带小孩玩、游玩、跑步、健身等；其他活动出现频率较低，均不足10%。随着生活水平的提升，居民对生活质量和身体健康的关注度随之增加，绿色基础设施为人们进行体育锻炼、日常游憩等提供了良好场所，运动健身和休闲娱乐等活动成为主要的使用方式，出现频率较高。

不同活动项目的年龄组成情况差异性明显。散步、跳舞、打太极、休息、遛狗、下棋等慢节奏活动较受中老年人群喜爱，主要以 45 岁及以上年龄段为主；跑步、游玩、放风筝、唱歌、看书、聚餐等活动则主要以 44 岁及以下青年、中青年人群为主。不同年龄段的人群具有不同的生活习惯与状态，活动偏好不尽相同，对绿色基础设施的使用方式表现出明显差异。

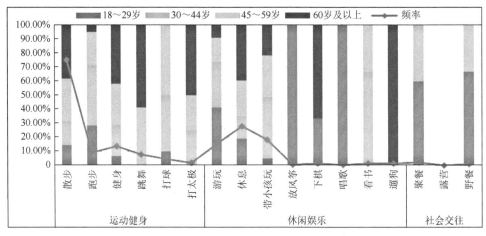

图 9.8　绿色基础设施使用者使用方式

9.2.3　需求效应

1. 指标体系

绿色基础设施需求效应通过使用者的出行特征与使用感知两方面进行评价。首先，出行特征主要选择出行频率、停留时间两项指标来表征，出行频率越高、停留时间越长，说明对绿色基础设施的需求越高。其次，使用感知分为功能作用和配套建设两方面，分别选取促进身体健康、改善心理状态、改善生态环境、美化城市景观、保护生物多样性、促进知识文化科普、自然景观、活动设施、休闲设施、服务设施、卫生设施、空间氛围、管理维护等因子表征，使用者对各因子的主观感知差异反映了其对绿色基础设施需求程度的不同。在此基础上，构建基于居民感知的绿色基础设施需求效应评价指标体系，各评价指标权重采用专家咨询法和层次分析法进行确定（表 9.3）。

表 9.3　绿色基础设施需求效应评价指标体系

维度		指标因子	权重
出行特征		出行频率	0.360
		停留时间	0.240
使用感知	功能作用	促进身体健康	0.041
		改善心理状态	0.041
		改善生态环境	0.034
		美化城市景观	0.031
		保护生物多样性	0.026
		促进知识文化科普	0.026
	配套建设	自然景观	0.039
		活动设施	0.035
		休闲设施	0.030
		服务设施	0.022
		卫生设施	0.026
		空间氛围	0.026
		管理维护	0.022

2. 评价方法

指标体系中各因子均采用五级划分标准。其中，出行频率分为"每天、一周3～4 次、一周 1～2 次、一个月一次、偶尔一次"，停留时间分为"半小时、半小时至 1 小时、1 小时至 1.5 小时、1.5 小时至 2 小时、2 小时以上"；各使用感知因子根据利克特量表设置"很需要、比较需要、一般、不太需要、不需要"5 个等级，对各因子采用 5、4、3、2、1 分进行赋值（表 9.4）。

表 9.4　评估因子赋值原则

赋值	含义		
	出行频率	停留时间	使用感知
5	每天	2 小时以上	很需要
4	一周 3～4 次	1.5 小时至 2 小时	比较需要
3	一周 1～2 次	1 小时至 1.5 小时	一般

赋值	含义		
	出行频率	停留时间	使用感知
2	一个月一次	半小时至 1 小时	不太需要
1	偶尔一次	半小时	不需要

基于问卷数据，结合各因子权重与赋值对南京市绿色基础设施需求效应得分进行计算评价，需求得分由 5 分至 1 分代表了使用者需求水平由高到低。计算公式如下：

$$P = \sum_{i}^{n} C_i \times P_i \tag{9.2}$$

其中，P 为绿色基础设施需求效应得分；n 为因子的个数；C_i 为第 i 个因子的权重；P_i 为第 i 个因子的平均值。

3. 评价结果

南京市居民使用绿色基础设施服务功能的意愿与诉求较强，各辖区总体需求较高，在空间上呈现中心高，逐渐向外围递减的格局（图 9.9、表 9.5）。

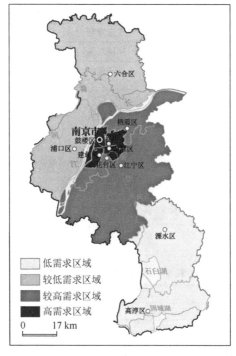

图 9.9　南京市绿色基础设施需求效应等级分布

表 9.5　南京市绿色基础设施需求效应得分

辖区	得分	得分构成		
		出行特征	使用感知	
			功能作用	配套建设
玄武区	4.173	2.420	0.900	0.852
秦淮区	4.063	2.478	0.789	0.796
鼓楼区	4.069	2.389	0.856	0.824
建邺区	4.043	2.400	0.820	0.823
雨花台区	3.917	2.326	0.766	0.825
栖霞区	3.967	2.400	0.786	0.781
江宁区	3.984	2.412	0.763	0.809
浦口区	3.886	2.299	0.798	0.789
六合区	3.896	2.297	0.813	0.786
高淳区	3.844	2.301	0.756	0.787
溧水区	3.754	2.178	0.792	0.785

（1）高需求区域，包括中心城区的玄武区、秦淮区、鼓楼区、建邺区，需求程度较高，均超过 4.0 分，各维度得分也均明显较高，尤其是玄武区。区域内经济发展水平较高，居民生态环境保护意识较强，对良好生活环境的诉求也随之提升，因而绿色基础设施需求效应相对较强。

（2）较高需求区域，包括雨花台区、栖霞区和江宁区，需求效应得分在 3.9 以上，其中又以江宁区最高，且在出行特征得分上具有优势，居民表现出较高的使用频率和时长。

（3）较低需求区域，包括浦口区和六合区，得分均不足 3.9，区域发展水平相对不高，绿色基础设施使用频率较低，居民在对绿色基础设施功能作用和配套建设的需求上表现相对不高。

（4）低需求区域，包括溧水区和高淳区，区域内需求整体较低，尤其是溧水区，需求效应得分最低，不足 3.8，其中出行特征得分明显低于其他各区，居民绿色基础设施的使用频率与时长不足。

9.3　供需关系匹配

绿色基础设施的供给与需求在空间上应实现相对匹配的关系，以更好地为城市居民环境改善提供支撑。本节基于供给与需求之间的差异性，结合绿色基础设施供需测度结果和空间分布特征以及南京实际，综合未来城市建设、人口发展和政策需求等方面因素，进行供需关系匹配分区。

9.3.1 匹配原则

基于供需空间分布特征，利用 ArcGIS 空间分析工具，对 2000 年、2010 年和 2020 年的供需进行归一化，采用自然断点法，将绿色基础设施供给和需求划分成高供给、高需求、中供给、中需求、低供给和低需求等六种类型（表 9.6）。依据供需之间的对应关系，将适配分区划分为优势发挥区、质量提升区与均衡建设区三种类型。

表 9.6　供需关系匹配分区标准

类别	高需求	中需求	低需求
高供给	均衡建设区	优势发挥区	优势发挥区
中供给	质量提升区	均衡建设区	优势发挥区
低供给	质量提升区	质量提升区	均衡建设区

9.3.2 匹配分区

（1）优势发挥区。优势发挥区主要分布在长江、石臼湖、固城湖等地区，面积由 2000 年的 387.07 km² 增加到 2020 年的 585.23 km²，占全市面积的 8.88%（表 9.7、图 9.10）。该区域是构成南京市生态红线、生态空间管控区的主体，也是绿色基础设施生态系统服务的高供给区。同时，长江沿线的工业、运输业较为发达，石臼湖和固城湖周边的种植业、渔业、农旅经济较为强盛，需求中等。总体上绿色基础设施供给远高于需求，能够向周边地区或更远的区域提供部分生态系统服务。由于绿色基础设施不可移动与不可割裂的特性，尽管优势发挥区供给充足，难以为质量提升区提供生态系统服务，但可以借助现有的河流、沟渠，合理、科学规划和建设生态廊道，将网络中心与孤立的小型斑块连接起来，从整体上提升区域绿色基础设施的服务供给能力。

表 9.7　2000～2020 年南京市绿色基础设施供需关系匹配分区

区域	2000 年		2010 年		2020 年	
	面积/km²	占比	面积/km²	占比	面积/km²	占比
优势发挥区	387.07	5.87%	500.33	7.59%	585.23	8.88%
质量提升区	1753.25	26.61%	898.82	13.64%	1250.01	18.97%
均衡建设区	4448.48	67.52%	5189.65	78.76%	4753.56	72.15%

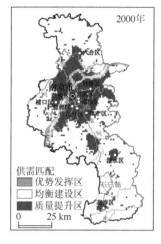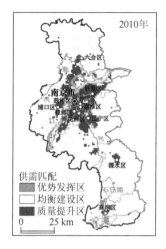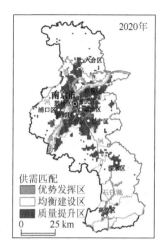

图 9.10 2000～2020 年南京市绿色基础设施供需关系匹配分区

（2）质量提升区。质量提升区作为绿色基础设施的高需求、低供给区，主要分布在主城区、S8 沿线、江宁北部、江宁街道、禄口街道、溧水区和高淳区的政治文化中心等地区，面积呈先减后增趋势。其中，主城区人口和产业集聚，人口密度、人均 GDP 最高，社会、经济、生态和环境需求均是全市最高的区域，但境内紫金山、玄武湖、秦淮河、秦淮新河等难以为居民、产业提供充足的生态系统服务，导致主城绿色基础设施供需失衡。S8 沿线的绿色基础设施供给相对较高，距老山、龙王山、长江、滁河等网络中心较近，但沿线制造业极为发达，大量人口集中居住在该区域，对绿色基础设施服务需求高，成为需重点改善的区域。江宁北部靠近主城区，与南京南站仅间隔 1 km，境内拥有高铁枢纽经济区、江宁大学城和江宁经济技术开发区，需求总体较高。江宁滨江经济开发区制造业集聚程度较高，空气质量提升的需要较大程度地提升了绿色基础设施需求强度。禄口国际机场方圆 7 km 内无中大型绿色基础设施，空港区也主要在人口相对集中的地区，因此高需求区主要集中在机场及其周边的空港区。溧水区和高淳区的政治文化中心是人口与产业集中区，城区北部或西北部是省级工业园区，对绿色基础设施的社会需求和经济需求相对较高。

（3）均衡建设区。均衡建设区主要分布在市郊、城郊以及偏远的地区，面积呈先增加后减少趋势，由 2000 年的 4448.48 km² 增加到 2010 年的 5189.65 km²，之后降到 2020 年的 4753.56 km²，但总体有所增加，占比达 72.15%。这一区域社会经济发展相对较为滞后，绿色基础设施供给和需求较低（表 9.7、图 9.10）。虽然这一区域目前供需关系相对比较匹配，但是随着社会经济的发展，部分区域对绿色基础设施的各方面需求可能会随之提高，因此在城市建设管理中要注意绿色基础设施的配套建设。

9.4　供需适配类型分区

　　绿色基础设施供需状态受所在地域自然禀赋以及人类活动的共同影响，供需适配类型区是供给和需求在面积、功能乃至效应等方面协调、适应、契合程度的匹配结果，可作为南京市绿色基础设施供需适配类型演进分析及空间格局优化研究的依据。

9.4.1　分区标准

　　供需适配类型区是绿色基础设施空间格局有序性和组织性的体现。为揭示供给与需求功能适应和匹配的特征，依据耗散结构原理将供给与需求分别划分为高、中、低三个等级，构建纵横排列矩阵，形成 9 种供需适配组合类型，作为全市供需适配类型分区、空间格局演进分析及优化研究的依据（图 9.11）。

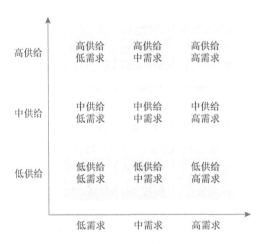

图 9.11　供需适配组合分类矩阵

　　综合考虑各类适配区的面积及其变化、产业发展定位和居住区的疏密程度，重点对适配条件较差区和适配条件较好区进行研究。适配条件较差区是指绿色基础设施供给不充分、需要增量补充与存量改造并重的区域，判定标准为三个时段适配区面积增减易变，且 2020 年的供需差值为负，产业发展和居民生活对绿色基础设施供给的需求有缺口；适配条件较好区是指绿色基础设施供给较充足，只需存量改造提升与加强管护相结合的区域，判定标准为三个时段适配区面积无起伏变化且呈逐渐增加趋势，产业发展和居民生活对绿色基础设施的需求较小。

9.4.2　分区结果

　　为揭示供给与需求功能适应、匹配的特征,依据耗散结构原理将供给与需求分别划分为高、中、低三个等级,构建纵横排列矩阵,形成 9 种类需适配组合类型,南京市 11 个辖区共涉及 99 个适配类型。根据每个类型区 2000 年、2010 年、2020 年的面积及其变化特点,研究发现南京市有 24 个适配条件较好区,总面积约 1686.18 km²,占市域总面积的 26%;其余为条件较差区,面积约 2872.74 km²,占市域总面积的 44%。从 9 种适配组合类型的时空演进趋势看,主城区 3 个时段供需适配关系是由低供给高需求向低供给中需求转变,5 个郊区低供给低需求的时空格局比较稳定。供需适配条件较好的情况下,充足的供给与适度的需求相匹配,对建设绿色低碳、多元宜居、山水林田相依相融的美丽南京发挥重要支撑作用(图 9.12)。

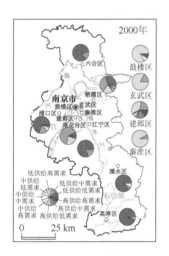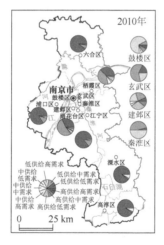

图 9.12　2000～2020 年南京市绿色基础设施供需适配分区

　　1. 适配条件较好区

　　在空间上,适配条件较好区的数量与面积具有明显的区域差异性。其中,2 个区具有 1 个配型组合,8 个区具有 2 个配型组合,1 个区具有 3 个配型组合。适配类型区的供需关系有低供给低需求、低供给中需求、低供给高需求、中供给低需求、高供给低需求、高供给中需求的搭配类型等。主城区的低供给类型面积大于需求类型面积,主要原因是土地性质的转换,如"退二进三"和旧城改造使得部分工业用地转为居住用地、农业用地转为居住或服务业用地,绿色基础设施建设未能跟上居住区集聚发展速度。郊区的高供给面积大于需求面积,主要是高程在 100 m 以上的山丘多属国家级和省级禁止及限制开发区域,居住区及产业集聚度较低,绿色基础设施本身的自然禀赋也高,此类区域的需求相对供给较低(表9.8)。

表9.8　南京市2020年供需适配类型区面积(单位:km²)

地区	鼓楼区	玄武区	秦淮区	建邺区	雨花台区	栖霞区
适配条件较好区	11.14	61.14	26.68	49.98	39.32	211.56
适配条件较差区	33.84	14.08	22.47	13.11	59.13	43.45
地区	江宁区	溧水区	浦口区	六合区	高淳区	合计
适配条件较好区	99.70	136.17	878.19	84.52	87.80	1686.18
适配条件较差区	1359.20	926.99	164.63	136.54	63.54	2872.74

2. 适配条件较差区

与2000年相比,南京市2020年适配条件较差区的数量变化与面积减少幅度存在明显的地域分异特征:3 个配型组合的浦口区、栖霞区和溧水区面积减少幅度在 16%~94%,其中以溧水区的中供给低需求型减少幅度最大;2 个配型组合的鼓楼区、江宁区、建邺区和六合区减少范围在3%~93%;仅 1 个配型组合的秦淮区、玄武区、雨花台区、高淳区减少范围在9%~78%。江宁区和溧水区的低供给低需求减少幅度较小,2020年基本维持在3%的水平,与严格控制生态敏感用地的无序开发建设以及强化生态空间保护区域管控有关。鼓楼区、秦淮区、玄武区、栖霞区、雨花台区和建邺区 6 个辖区对绿色基础设施存在较高需求,原因是旧城改造、城市风貌改善以及环境品质提升等需要绿色基础设施生态服务功能的支撑;浦口区、六合区、江宁区、溧水区和高淳区等近郊和远郊区的需求水平有所降低。

第 10 章　基于供需均衡的格局优化与调控对策

科学合理优化绿色基础设施是促进其效应发挥、引导城市协调发展的重要手段。城市绿色基础设施耦合了自然生态系统与社会经济系统，提供的生态系统服务具有公共生态产品属性，格局优化过程需要综合考虑供给与需求的空间及数量的均衡。本章引入供需均衡理论，进行绿色基础设施格局优化并提出调控对策，为南京城市建设及其生态安全维护提供决策参考。

10.1　供需均衡分析框架

绿色基础设施供需关系对生态系统和人类社会发展的影响至关重要，但目前绿色基础设施供需关系方面的研究较少，且多数研究停留在供需关系理论研究阶段（吴健生等，2016），供需均衡研究多聚焦在数量、空间的静态均衡上，动态均衡研究有待进一步探索（姜芊孜等，2023），关于供需空间分布的研究多集中在生态系统与社会需求的供给和需求上，多从空间公平的角度出发，结合绿色基础设施服务能力及覆盖范围内居民数量探讨城市绿色基础设施供需均衡状况，评估其社会服务水平的空间均衡性，但对需求主体的分布及行为探讨较少，忽略了供需空间分布相匹配的原则（桂昆鹏等，2013；Xiao et al.，2017）。

在快速城镇化背景下，社会经济发展对城市绿色基础设施的服务需求不断增加。然而，随着建设空间的拓展，生态空间出现破碎化，生态系统服务效能下降，绿色基础设施在数量和质量上供给不足，导致空间上供需不匹配矛盾突出。引入经济学供需均衡理论，将绿色基础设施提供的服务作为商品，那么自然生态系统为供给方，社会经济系统为需求方，城市绿色基础设施实现供需均衡即为自然生态系统所提供的服务与社会经济系统所产生的需求在数量、质量与空间上达到相对一致的状态。由于绿色基础设施服务是具有非排他性和非竞争性的公共产品，难以通过市场调节实现供需均衡，对其格局进行优化调控需通过政府、市场与社会等不同利益相关者的主动干预，在保证服务可持续供给的基础上最大化地满足社会经济系统的需求。基于此，构建城市绿色基础设施供需分析框架（图 10.1）。

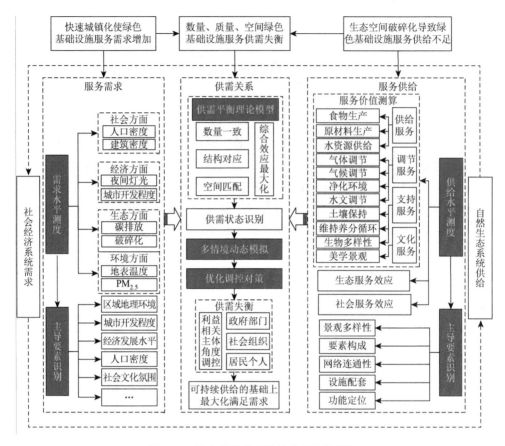

图 10.1　城市绿色基础设施供需分析框架

10.2　生态安全格局构建

基于"生态源地识别—阻力面构建—生态廊道提取"的研究范式，结合绿色基础设施供应和需求，对南京市生态安全格局中的生态源地和阻力面进行提取与构建，识别生态廊道和生态节点，并以此构建生态安全格局网络。

10.2.1　要素提取与中心性分析

绿色基础设施是相互关联的绿色空间网络，包含生态枢纽和枢纽间的廊道，能够有效维护区域生态安全格局和过程，促进人居环境的改善。基于绿色基础设施供需理论，在识别源地时考虑绿色基础设施供给的作用，在构建阻力面时考虑绿色基础设施需求的影响，并在此基础上提取廊道，构建生态安全格局（图 10.2）。

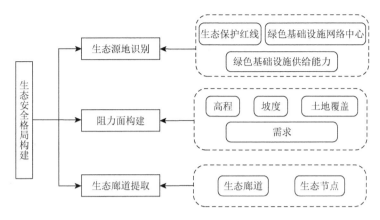

图 10.2　基于供需的绿色基础设施生态安全格局构建

　　绿色基础设施网络构建是提升区域生态系统服务水平的重要手段,可以在建成区通过有限的空间建设廊道型和节点型绿色基础设施,以此提供更多的生态服务。现有研究多是综合采用形态学空间分析方法与最小累积阻力模型,并参考景观格局、连通性等重要指数,结合研究区域的实际情况,从不同的理论或角度构建绿色基础设施网络,以提升局部区域绿色基础设施服务供给能力(魏家星等,2019;李文俊,2017;张云路和李雄,2013)。学者运用物理学中的电路理论(McRae and Beier,2007;Leonard et al.,2016;Koen et al.,2014)、城乡空间利用的生态绩效理论(安超和沈清基,2013)、来源于计算机学科的空间优先级理论(何侃等,2021)等先后开展了绿色基础设施网络构建研究。随着电路理论相关软件的升级和完善,越来越多的学者采用电路理论进行绿色基础设施网络构建研究。

　　电路理论是基于电子在电路中随机游走(也叫随机漫步)的特性来模拟物种在复杂景观中的迁移扩散或者其他类似的生态过程,将电路理论引入景观生态学可有效弥补传统景观连通性研究对功能连通性考量的不足。在具体应用中,物种被当作随机游走的电子,景观被视作导电表面。当一个异质化的景观被抽象为电路时,重要的生境斑块就被视为电路中的节点,而不同的景观类型被认为具有不同的阻力,对物种运动或者其他生态过程的阻碍程度也不同。进行电路模拟时,设置某些点作为接地,向其余节点输入定额电流,即可得到这些节点到接地节点间的电流值,通过所有节点依次接地的迭代计算即可得到整个网络的电流密度图(图 10.3)。因此,基于电路理论,从流量中心性角度出发,运用 Linkage Mapper 插件中的 Centrality Mapper 工具,分别对生态源地和生态廊道进行中心性及等级划分分析,结合供需匹配分区,确定不同等级的生态安全格局要素,并构建南京市生态安全格局。

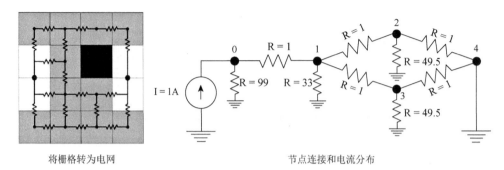

将栅格转为电网　　　　　　　　　　　节点连接和电流分布

图10.3　电路理论原理

1. 生态源地识别与中心性分析

基于南京市绿色基础设施的网络中心，叠加生态空间管控区域，结合供给排名前50的绿色基础设施要素，共识别15个生态源地，分别为长江（南京段）、石臼湖、老山国家森林公园、紫金山、横山风景区、固城湖、无想山国家森林公园、汤山·方山国家地质公园（汤山园区）、止马岭森林公园、牛首山森林公园、金牛湖、汤山·方山国家地质公园（方山园区）、平山森林公园、六合国家地质公园和东屏湖省级湿地公园，面积共536.48 km²（图10.4）。考虑到后期生态安全格局构建中重点区域和一般区域的格局优化，依据中心性数值大小，以20、30为分界线，对生态源地进行等级划分，共分为核心源地、重要源地和一般源地等三类生态源地（表10.1）。

表10.1　南京市生态源地等级划分

名称	面积/km²	中心性	等级
长江（南京段）	183.85	73.44	核心源地
石臼湖	114.37	34.61	核心源地
老山国家森林公园	71.79	18.40	一般源地
紫金山	28.77	32.77	核心源地
横山风景区	25.39	35.31	核心源地
固城湖	25.11	14.00	一般源地
无想山国家森林公园	22.69	28.07	重要源地
汤山·方山国家地质公园（汤山园区）	21.37	23.68	重要源地
止马岭森林公园	10.54	19.10	一般源地
牛首山森林公园	8.37	20.86	重要源地
金牛湖	7.91	34.13	核心源地
汤山·方山国家地质公园（方山园区）	4.80	33.53	核心源地

续表

名称	面积/km²	中心性	等级
平山森林公园	4.15	24.08	重要源地
六合国家地质公园	3.98	24.02	重要源地
东屏湖省级湿地公园	3.39	28.27	重要源地

南京市生态源地的中心性总体较好，但各大生态源地之间的中心性差距较大
（表 10.1）。其中，长江（南京段）是南京市连通南北绿色基础设施的核心，其中心
性最好，达到了 73.44。石臼湖、紫金山、横山风景区、金牛湖、汤山·方山国家
地质公园（方山园区）等源地的中心性较好。一方面部分源地处于多个源地中间，
起着连通的作用，另一方面源地面积较大或与邻近源地距离小，能够较好发挥绿色
基础设施的生态系统服务功能。老山国家森林公园作为浦口区唯一的生态源地，由
于与长江以外的生态源地之间联系较差，其中心性总体较差。固城湖地理位置比较
偏僻，不是区域内中心型源地或连通型源地，其中心性最差。

图 10.4 南京市生态源地分布

2. 阻力面构建

生态用地扩张受地形地貌、坡度、土壤、地质灾害、水土流失、景观价值以及土地利用现状等因素影响,一般选择高程、坡度和土地覆盖等指标构建生态安全格局阻力面指标体系。从供需角度出发,结合需求、高程、坡度等因素,构建生态安全格局的综合阻力面。考虑到质量提升区的绿色基础设施供给服务能力不足,为实现供需均衡应结合相关生态安全格局研究,引入需求阻力面,将其权重设置为 0.50。同时,综合考虑南京市自然资源禀赋,为保障高需求地区的绿色基础设施得到改善,将低需求地区的阻力值设置为最高,高需求地区阻力值设置为最低(表 10.2)。其中,高程数据来源于地理空间数据云,并利用 ArcGIS 软件中空间分析模块的 slope 工具,计算南京市的坡度。根据阻力值划定,通过重分类工具对各因子重新进行赋值。之后,基于各因子的权重,采用栅格计算器得到综合阻力面。

表 10.2　生态阻力面因子及其权重

因子	阻力值					权重
	1	10	40	70	100	
高程	≤20	(20, 50]	(50, 100]	(100, 200]	>200	0.15
坡度	≤5	(5, 10]	(10, 15]	(15, 20]	>20	0.20
土地覆盖	林地	水域	草地	耕地	建设用地及其他用地	0.15
需求	>0.2	(0.15, 0.2]	(0.1, 0.15]	(0.05, 0.1]	≤0.05	0.50

低阻力地区主要分布在以新街口为中心的市区,在江宁北部、S8 沿线、禄口街道、溧水区和高淳区的政治文化中心等地区集聚。栖霞区和雨花台区的阻力值相对较强,主要是因为地区需求普遍较高,同时也是绿色基础设施亟待优化的区域。老山、汤山、云台山、横山、无想山等山地丘陵地区土地类型属于林地,但坡度和高程较大,导致山地丘陵的阻力值高于周边地区。此外,S8 沿线的制造业园区和滨江开发区的阻力值相对较低。受境内水系网络和工业经济的影响,高淳经济开发区和溧水经济开发区的阻力值低于高淳和溧水的城区(图 10.5)。

3. 生态廊道提取与中心性分析

生态廊道是两个源地之间阻力最小的路径,其提取方法主要有两种:一种是基于最小阻力模型,利用 ArcGIS 软件的水文分析模块进行"山谷线"的提取,或采用距离模块中成本距离和成本路径分析得到最小耗费路径;另一种是基于电

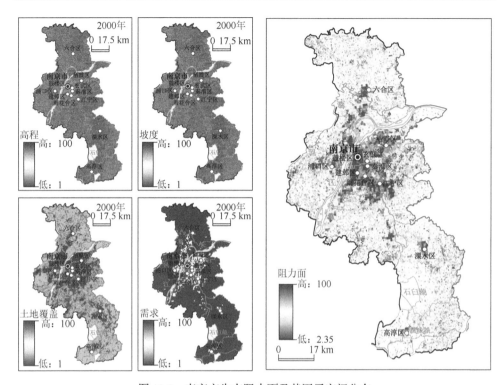

图 10.5 南京市生态阻力面及其因子空间分布

路理论，采用 Circuitscape 和 ArcGIS 的 Linkage Mapper 插件，利用 Build Network and Map Linkages 工具提取生态廊道。前一种方法难以对源地较多的研究区进行分析，多将源地转换为点进行计算，会导致后续生态节点提取时生态源地内部存在节点，或在不转换下进行计算时廊道的分支过多。因此，南京市生态廊道提取应采用第二种方法。考虑到南京市南北直线距离 150 km，长江横穿南京市中部，邻近源地之间直线距离多处于 20 km 以内，因此选择距离阈值为 20 km，共提取 31 条生态廊道，平均每条长 24.44 km，总长 757.52 km。

　　基于电路理论，对生态廊道进行中心性分析发现（表 10.3），生态廊道的中心性远低于生态源地，高中心性的生态廊道主要分布在长江沿岸和石臼湖地区，受区域内生态源地数量和源地之间距离影响较大。低中心性具有明显的空间差异性，北部六合区境内生态廊道的中心性较低，南部生态源地与中部生态源地相连接的生态廊道中心性也普遍较低，前者主要由于境内破碎化较为严重，多为小型斑块，后者受限于空间距离较长。中心性最高的生态廊道［紫金山-长江（南京段）］的中心性为 21.38，中心性最低的生态廊道（止马岭森林公园-金牛湖）的中心性仅为 5.04。以中心性 10、20 为标准，将生态廊道划分为一般廊道、重要廊道。考虑到重点优化区内绿色基础设施供给能力不足，通过 ArcGIS 10.5 软件的位置选择，将质心位于重点优化区内的生态廊道提升为核心廊道，其他生态廊道保持不变，共确定 16 条核心廊道、3 条重要廊道、12 条一般廊道。

表 10.3　南京市生态廊道等级划分

编号	连接的源地	长度/km	中心性	等级
1	止马岭森林公园—金牛湖	33.69	5.04	一般廊道
2	止马岭森林公园—平山森林公园	20.85	7.51	一般廊道
3	止马岭森林公园—老山国家森林公园	50.83	5.41	一般廊道
4	止马岭森林公园—长江（南京段）	42.82	6.24	一般廊道
5	金牛湖—平山森林公园	12.71	7.45	一般廊道
6	金牛湖—六合国家地质公园	20.46	7.05	一般廊道
7	金牛湖—长江（南京段）	40.34	8.18	一般廊道
8	平山森林公园—六合国家地质公园	17.43	8.51	一般廊道
9	平山森林公园—长江（南京段）	25.15	10.69	核心廊道
10	六合国家地质公园—长江（南京段）	11.01	18.47	核心廊道
11	汤山·方山国家地质公园（汤山园区）—紫金山	10.97	8.14	一般廊道
12	汤山·方山国家地质公园（汤山园区）—方山国家地质公园（方山园区）	25.56	7.59	一般廊道
13	汤山·方山国家地质公园（汤山园区）—长江（南京段）	12.63	11.49	核心廊道
14	汤山·方山国家地质公园（汤山园区）—东屏湖省级湿地公园	62.12	6.14	一般廊道
15	紫金山—汤山·方山国家地质公园（方山园区）	17.44	12.96	核心廊道
16	紫金山—牛首山森林公园	16.97	9.06	核心廊道
17	紫金山—长江（南京段）	10.22	21.38	核心廊道
18	老山国家森林公园—长江（南京段）	5.09	17.38	核心廊道
19	汤山·方山国家地质公园（方山园区）—牛首山森林公园	10.63	11.98	核心廊道
20	汤山·方山国家地质公园（方山园区）—东屏湖省级湿地公园	33.46	7.45	一般廊道
21	汤山·方山国家地质公园（方山园区）—横山风景区	26.17	13.08	核心廊道
22	牛首山森林公园—长江（南京段）	9.02	20.16	核心廊道
23	牛首山森林公园—横山风景区	29.89	13.07	核心廊道
24	长江（南京段）—东屏湖省级湿地公园	64.22	7.99	核心廊道
25	长江（南京段）—石臼湖	63.22	10.90	核心廊道

续表

编号	连接的源地	长度/km	中心性	等级
26	东屏湖省级湿地公园—横山风景区	24.37	6.12	核心廊道
27	东屏湖省级湿地公园—无想山国家森林公园	16.31	14.83	核心廊道
28	横山风景区—无想山国家森林公园	12.43	10.66	重要廊道
29	横山风景区—无想山国家森林公园	12.84	13.67	重要廊道
30	无想山国家森林公园—石臼湖	6.74	16.64	重要廊道
31	石臼湖—固城湖	11.93	14.00	核心廊道

4. 生态节点

生态节点的提取是在生态廊道的基础上，运用最小阻力模型，利用数字高程模型（digital elevation model，DEM）数据，通过 ArcGIS 的水文分析模块，采用无洼地的 DEM 数据计算的汇流累计量与求均值后 DEM 的正地形求交集得到"山脊线"（最大路径），之后通过生态廊道之间和生态廊道与最大路径的交会处得到生态节点，共提取 56 个生态节点（表 10.4）。其中，生态节点主要分布在六合区、江宁区和溧水区，与其境内生态源地数量较多有极大关联，而鼓楼区、秦淮区和浦口区境内无生态节点，前两者受社会经济水平高和无生态源地影响较大，后者因境内老山与长江较近且相对平行，生态廊道与最大路径难以实现交会。

表 10.4　南京市各区生态节点数量

行政区	数量
鼓楼区	0
玄武区	2
建邺区	1
秦淮区	0
栖霞区	2
雨花台区	2
浦口区	0
六合区	18
江宁区	15
溧水区	15
高淳区	1

10.2.2 生态安全格局网络构建

构建综合阻力面时，将需求值高的区域定义为阻力值低的区域，从而提取生态廊道和生态节点。然而，实际情况下高需求区域是绿色基础设施扩张难度较大的区域。因此，为保障高需求区域内绿色基础设施的生态系统服务供给能力的提升，以最大路径和生态廊道为基础，将生态节点划分为一般节点和主要节点，然后叠加绿色基础设施重点优化区域，将重点优化区域内的生态节点等级提升为核心节点，共提取 23 个核心节点、13 个重要节点和 20 个一般节点。在供需匹配分区的基础上，结合电路理论、最小阻力模型等方法，南京市构建了由 15 个生态源地、31 条生态廊道和 56 个生态节点所组成的生态安全格局网络，并确定了核心、重要和一般等三级生态源地、生态廊道和生态节点（图10.6）。

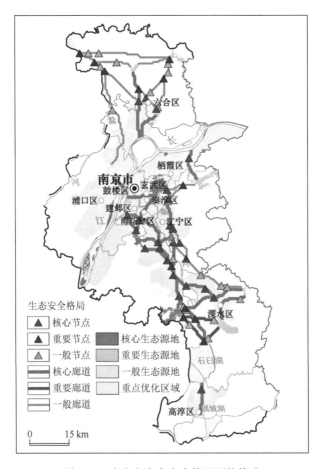

图 10.6 南京市生态安全格局网络构建

10.3　供需均衡的格局优化

在进行绿色基础设施优化调控时，学者沿用功能评估的方法，并以此为基础进行社区、城市和流域等尺度的绿色基础设施空间规划（Ronchi et al.，2020；张云路和李雄，2013）。也有研究从城市扩展（刘巷序，2018）、生态管控（傅稚青，2017）、环境公平（李方正等，2017）以及综合效益（盛硕，2018）等角度，针对绿色基础设施某一方面功能进行优化调控，很少涉及综合功能的优化。虽然当前格局优化研究为新型城镇化建设提供了重要支撑，但在忽略主观诉求的情况下难以为绿色基础设施分区优化管理提供更具针对性和合理性的参考（王晶晶等，2017）。因此，有必要探讨基于供需均衡分析框架的绿色基础设施格局优化。

10.3.1　优化基本原则

1. 公平可达原则

绿色基础设施作为一项重要的城市基础设施，为全体居民共同享有，公众对其具有使用权。从公平的角度出发，应尽可能考虑不同尺度、区域、行业、年龄等人群对绿色基础设施的差异化需求，并统筹布局以扩大服务范围，使更多人享受绿色基础设施的益处。另外，距离设施越近、到达时间越短，通常居民的使用热情也越高，因此，应尽可能缩短居民与绿色基础设施的距离和可达时间，提高绿色基础设施可达性。

2. 空间联通原则

绿色基础设施由众多不同尺度、不同类型的要素组成，但各组成要素之间并非相互孤立，而是相互联系共同发挥服务功能，绿色基础设施优化应坚持空间联通原则与系统性原则。自然要素及自然过程间的连通和功能性连接在促进物质能量流动、保证野生动植物种群多样性、维持生态系统与过程稳定等方面具有重要作用。公园、广场和景点等半自然及人工绿色基础设施要素的系统性连接也有利于绿色网络的形成，发挥整体效益。构建相互连通的绿色基础设施空间结构对提升其稳定性、保障其服务功能发挥、促进城市可持续性发展具有重要意义。

3. 公众参与原则

绿色基础设施规划建设应以人为本，注重公众参与。一方面，公众是绿色基础设施的使用主体，公众的感受是其规划建设的重要参考，切实提升公众的利益也是其规划目标，公众具有一定的发言权。在对市民等不同利益相关群体进行调查，广泛征集大众想法和建议的基础上，结合专业人员的研究和分析做出决策方案，能够使绿色基础设施优化建设具有较好的民众基础，也更易于达成共识，有助于满足居民的真正需求，提高其切身利益，同时也更有利于相关工作的开展。另一方面，公众参与绿色基础设施规划建设一定程度上提升了人们对城市绿色空间建设和环境保护的关注程度，无形中加强了人们对绿色基础设施价值和环保节能生活方式的认知，具有较强的社会意义。

4. 因地制宜原则

由于不同地区经济发展水平和自然禀赋条件不同，绿色基础设施优化所拥有的先天有利条件和制约发展因素也均有显著差异性，因此在规划过程中应依据研究区实际情况，充分考虑城市自然、社会经济和历史文化等条件。不同自然禀赋和环境、不同经济发展阶段以及不同的历史文化特征对绿色基础设施的需求有所不同，对绿色基础设施建设产生的影响也具有差异，需因地制宜地提出方案，扬长避短。

10.3.2　重点区域优化

根据《南京市国土空间总体规划（2020—2035 年）》的城镇发展目标、功能体系和空间布局，以及《南京市城市总体规划（2011—2020）》，以 2020 年适配条件较差区为重点优化区域，结合供需测度结果，分析得到南京市绿色基础设施需重点优化的区域共 7 个，分别为主城区块、S8 区块、江宁区块、滨江新城区块、禄口新城区块、溧水副城区块、高淳副城区块（图 10.7）。

1. 主城区块

主城区块应以紫金山和玄武湖等为核心，重点提升绿色基础设施的综合服务能力，向东借助一般生态廊道［汤山·方山国家地质公园（汤山园区）—紫金山］或沪蓉高速与汤山山脉连通，为马群街道和麒麟街道提供生态系统服务；向南依靠两条核心廊道［紫金山—牛首山森林公园、紫金山—汤山·方山国家地质公园（方山园区）］，服务马群街道南部、秦淮区中部和雨花台区东北部等社会和经济极为发达的区域；向西可重点借助城市东西主干道（汉中路—中山东路）沿线的绿化设施和公园，构建横穿市中心的核心廊道［紫金山—长江（南京段）］，并通过秦淮河与夹江、长江连通，以提升对南京市人口和经济最为密集区域的生态系统服务供给能力；向北以东十里长沟为廊道，打通栖霞区东部迈皋桥地区的阻碍，提升主城北部人口集聚区的绿色基础设施供给能力。此外，以核心廊道［牛首山森林公园—长江（南京段）］为基础，连通夹江、南京中国绿化博览园、

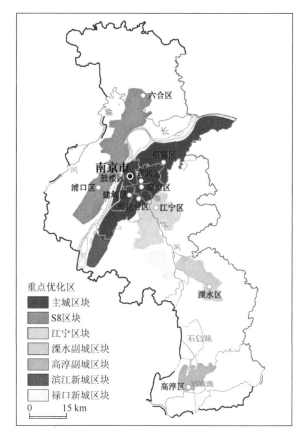

图 10.7　南京市绿色基础设施重点优化区域分布

秦淮新河，改善河西城市新中心的绿色基础设施供需匹配失衡程度；以核心廊道
[汤山·方山国家地质公园（汤山园区）—长江（南京段）]、七乡河为连接，打
通长江与汤山之间的阻碍，重点提升栖霞街道、仙林大学城、南京经济技术开发
区和栖霞经济技术开发区的绿色基础设施供给能力。同时，在绿色基础设施需求
降低方面，主城区块应有序疏解老城区内的边缘功能，提升整体的生活环境质量，
强化新兴服务业的配套与支持。

2. S8 区块

S8 区块主要分为两部分，包括北部的六合副城和南部的浦口城区，重点提升
经济、生态与环境服务。六合副城应以六合国家地质公园为核心，依托过境河流滁
河、八百河和新篁河，构建由 6 条生态廊道[止马岭森林公园—长江（南京段）、止
马岭森林公园—平山森林公园、平山森林公园—长江（南京段）、平山森林公园—
六合国家地质公园、金牛湖—长江（南京段）、金牛湖—六合国家地质公园]、3 个

生态节点组成的生态安全格局网络，改善六合副城、六合经济开发区、南京江北新材料科技园等区域的生态功能。S8 区块南部是沿着老山和长江发展的长条形区域，未来应重点利用自然生态廊道高旺河、城南河、七里河、朱家山河、石头河，串联零散分布的公园、绿地，提高区域内绿色基础设施生态系统服务，改善 S8 沿线供需不匹配的情况。此外，S8 区块应对高耗能、高污染和低绩效的工业企业进行全面退出，大力推动工业企业向工业园区、产业园区、产业社区内集聚。

3. 江宁区块

江宁区块主要包括北部的高铁枢纽经济区、东南部的江宁大学城和南部的技术经济开发区，应考虑校区、住宅区和工业园区的布局，重点利用牛首山、将军山和方山这三个绿色基础设施网络中心，打造开放式网络体系，提升绿色基础设施的经济、社会与环境服务能力。北部应构建两条生态廊道，充分发挥秦淮河的自然通道作用，提升铁路沿线绿化，改善江宁区北部人口集聚区域的生态功能。南部重点以将军山、方山和牛首山为核心，依托 3 条生态廊道（汤山·方山国家地质公园（方山园区）—牛首山森林公园、牛首山森林公园—横山风景区、长江（南京段）—石臼湖），建设 4 个生态节点型绿地，构建江宁技术经济开发区的生态安全格局。东南部以方山为核心，充分利用过境河流解溪河，结合 4 条生态廊道和 4 个生态节点，提升江宁大学城的绿色基础设施服务供给能力。此外，江宁区块应注重山水城田的布局关系，优化城市功能布局和产业分布，降低绿色基础设施需求。

4. 滨江新城区块

滨江新城可以充分利用长江沿线资源，依托牧龙河、江宁河和铜井河，连通鲤丘水库、杨库水库、直山水库、牌坊水库和高山水库，打造云台山山脉至长江（南京段）上游的生态廊道，并充分发挥南京江宁滨江经济开发、南山湖工业园和道路沿线的绿化工程，改善滨江新城区块的生态服务功能，提高生态与环境服务。强化居住用地供给和轨道交通建设，引导战略新兴产业集聚和产城融合，降低区域内社会经济发展需求。

5. 禄口新城区块

未来应重点利用西南部的云台山山脉和南部的横山，基于南京市生态安全格局，以两大生态节点为支撑，依托横溪河、溧水河、一干河、三干河等生态廊道，建设三条核心廊道[汤山·方山国家地质公园（方山园区）—牛首山森林公园、牛首山森林公园—横山风景区、长江（南京段）—石臼湖]，优化空港核心区的绿色基础设施布局，提升其经济、生态与环境服务供给能力。此外，要强化禄口机场的交通枢纽作用，完善综合运输系统，优化产业布局和住宅比例，降低绿色基础设施需求。

6. 溧水副城区块

溧水区的政治文化中心附近绿色基础设施资源丰富，未来应以天生桥景区、无想山、中山水库、卧龙水库、方便水库等绿色基础设施为核心，依托横穿城区的一干河，打造三条生态廊道，提升其经济与社会功能，进一步改善溧水主城区和技术经济开发区的生态功能。全面清退高污染、高消耗、高排放的制造业企业，优化溧水主城区的城市空间布局，降低绿色基础设施需求。

7. 高淳副城区块

高淳副城区块绿色基础设施供给能力良好，南靠固城湖，未来应以固城湖为核心、石臼湖为辅，依托石固河、漆桥河，构建城区生态安全格局，重点提升高淳城区和经济开发区的绿色基础设施经济与社会服务的供给能力。

10.3.3　一般区域优化

一般区域多为绿色基础设施供需匹配分区的均衡建设区，主要包括六合区、浦口区、江宁区、溧水区和高淳区的相对偏远地区。一般区域绿色基础设施建设应遵循南京市及各区的规划和相关政策文件，按照城市发展布局、方向和趋势，以均等化和公平化为原则，在现有基础上，构建绿色基础设施网络。

1. 六合区

主要为 S8 区块以外的地区，主要包括六合区北部、东南部和西部等地区。未来，六合区应构建止马岭森林公园、金牛湖、平山森林公园和六合国家地质公园之间的生态廊道，以实现北部小型斑块之间的连通，并为六合副城和 S8 区块提供生态系统服务；六合区西部可以依托生态廊道（止马岭森林公园—老山国家森林公园）的建设，进一步改善程桥街道、龙池街道和葛塘街道的绿色基础设施供给能力；六合区东南部应重点加强滁河的保护力度，充分发挥滁河及其支流的生态廊道作用，重点提升龙袍滨江新城的生态功能。

2. 浦口区

主要涉及浦口区西部的永宁街道、汤泉街道和星甸街道。以老山为核心、滁河为生态廊道，串联侯冲风景区和西埂莲乡，打造浦口区西部的绿色基础设施网络；充分发挥驷马山引江水道、三岔水库以及零散分布的小型池塘的生态功能，提升乡镇和农村地区的生态系统服务能力。

3. 江宁区

主要包括江宁东部和西部，即南京—宣城高速公路两侧的除江宁区块和禄口新城以外的区域。江宁西部主要为云台山山脉组成的丘陵山地地区，绿色基础设施潜力强且网络中心较多，但由于沿交通干线的城镇开发，破碎化较为严重，未来应根据山脉走势，修复横山和云台山之间农村地区的生态系统，打造江宁西部生态网络。东部地区以汤山山脉为核心，借助句容河、高阳河、二干河、解溪河和汤水河等生态廊道，提升广大农村和集镇地区的生态功能。

4. 溧水区

主要包括东屏镇、白马镇、晶桥镇、洪蓝镇和石湫镇。洪蓝镇和石湫镇是生态安全格局构建中多条核心廊道、重要廊道以及节点的所在地，且靠近无想山、石臼湖以及云台山，该地区绿色基础设施优化主要按照生态安全格局构建的模式，重点建设生态廊道和生态节点。东屏镇、白马镇和晶桥镇地形多为山地丘陵，森林、河流和水库等小型绿色基础设施较多，但破碎化较为严重，未来应依托水阳江水系的新桥河和天生桥河以及秦淮河水系的二干河，建设东部生态走廊，打造溧水东部绿色基础设施网络。

5. 高淳区

包括高淳西南部两镇和东部五镇。境内由于种植业和养殖业发展，水系极为发达，且绿色基础设施供需相对均衡，但未来应控制养殖业和农旅的发展，重点限制养殖鱼塘对大型水面的侵蚀。

10.3.4　要素质量提升

1. 提升诉求

绿色基础设施要素品质是其服务功能发挥的重要影响因素，是优化提升的重要方面。本节通过使用者对当前存在问题的认识及其对绿色基础设施建设个人倾向的调查，分析要素质量提升诉求。

当前存在问题主要集中在各类配套设施、景观环境、管理维护三大方面。第一，75.22%的使用者认为各类配套设施有待提高，频率较高的问题主要集中在照明设施、卫生设施、休息设施和体育设施等方面；第二，31.42%的人认为管理维护问题较大，主要集中在商业活动侵占场地、摩托车、电动车等外来车辆进出频繁以及卫生管理不到位等；第三，对自然景观环境方面的反馈主要集中在绿植、水体等；另有少量使用者还提出"知识科普不足"等问题（表10.5）。

表 10.5　绿色基础设施存在问题调查

占比及内容	项目			
	各类配套设施	自然景观环境	管理维护	其他
占比	75.22%	20.35%	31.42%	1.33%
内容	灯具缺乏、灯光昏暗等；垃圾桶等卫生设施不足；座椅等休息设施不足；健身器材及场地较少	花草种类较少；水不洁净；对自然环境造成破坏；绿化较少	商业活动侵占场地；摩托车、电动车等外来车辆进出频繁；卫生管理不到位	知识科普不足；蚊虫较多；举办活动较少

另外，对使用者倾向的调查表明，人们对优美的景观环境表现出较强烈的意愿，人群比例接近 70%；超过一半的使用者倾向于较多的活动场地，显示出较强的户外活动需求；同时，也有相当部分使用者对较多休憩设施和齐全的服务设施表现出较强意愿（表 10.6）。

表 10.6　绿色基础设施使用者倾向调查

项目	项目					
	景观优美绿化好	休憩座椅较多	活动场地较多	服务设施齐全	体育健身设施较多	文化氛围较好
比例	69.91%	43.81%	54.42%	41.15%	19.91%	10.62%

2. 提升方案

根据使用者质量提升诉求分析，从配套设施、景观环境和管理维护三方面提出南京市绿色基础设施要素质量提升方案。

1）配套设施完善

使用者对各类配套设施的感受和需求会直接影响居民使用绿色基础设施的积极性及绿色基础设施服务水平。考虑到各类户外活动是居民的主要使用方式，在活动场地建设上应给予重视，适当增加相应区域面积并完善体育设施，结合绿色空间建设步行道供人们散步等。同时，不同年龄层次居民的需求有所不同，如年轻人可能倾向于游乐场以及放风筝、打球等各种户外项目，老年人则较喜欢广场舞、打太极等慢节奏的活动。因此，在建设中也应增加活动场地的多样化，进一步加强公共厕所、垃圾桶等卫生设施及休闲座椅等休息设施的建设与完善；做好路灯、指示牌等服务设施的配置工作；相应增加有关自然、动植物和历史文化等的知识科普类信息，提高绿色基础设施要素服务功能的多样性。

2）景观环境优化

景观环境的优化是绿色基础设施要素质量提升的重要方面。优美的自然景观与环境不仅能改善局部气候，也能够为人们带来审美上的享受和精神上的愉悦。针对人们的诉求与评价，一方面，对于各类水体，水质遭到破坏的可根据尺度、功能、水动力条件及土壤特性等，通过截污、疏浚、清淤和配水等综合治理措施进行水质改善；对于未被污染的水体也应通过加强管理来有效预防，进行生态护岸和护坡建设。另一方面，通过适当增加花、草、树木等多种类种植，在扩大绿化面积的同时，增加植物多层次性与多功能性。根据气候条件，与水体相结合进行滨水植物、湿生植物等绿化种植，并考虑色彩合理搭配植被类型，增加景观环境的观赏性。

3）管理维护提升

绿色基础设施建设是一项多尺度、复杂的系统工程，维护管理是其可持续发展的重要保障。内部配套设施与自然景观均是管理维护的重要方面。配套设施需定期进行检查、维修以及清洁等，保证相关功能的正常提供及使用安全；自然景观更需要根据季节变化实施不同的维护举措，及时浇灌、修剪，适时开展杀虫工作等。同时，相关安全秩序保障工作也不容忽视，防止商业活动、机动车辆的管理等破坏绿色基础设施影响正常使用，部分景点还应加强游客秩序管理及安保工作。另外，也可以适当组织开展多样性的开放活动，吸引更多公众参与，丰富市民业余生活。

3. 提升对策

绿色基础设施作为一种公共设施，其优化提升并非由某一群体单方面推动，而是由社会各群体共同促进的。基于不同利益相关者角度，从政府、市场、公众三方面提出要素质量提升对策。

1）加强政府决策引导作用

政府及相关部门在绿色基础设施建设中起到宏观决策与引导作用。通过制定政策、指令和纲领等指导各方行为，也能发挥监督、协调、管理等作用。在绿色基础设施要素品质优化中，一方面，地方政府应根据实际需求积极进行配套设施及景观环境的建设管理，协调各相关部门，在汲取专业人员科学规划评估意见基础上，投入资金，自上而下地组织开展各类活动场地及服务设施建设，对自然景观环境实施修护工程；根据反馈对已损坏设施及时派遣人员进行修缮替换，对植被和水体的维护还应注重自然节气规律；同时，大量的人力、物力和财力投入难免对政府部门产生一定压力，应适度开放公共事务参与权，引入社会资本，开展与非政府组织、开发商、公众等的合作，共同参与绿色基础设施建设管理。另一方面，为提高管理能力与效率，应积极制定系统性的长效工作机制，完善相关制度与规定，有依据地在实践中对侵占和破坏绿色基础设施的开发活动与行为进行预防和管理，有效保护绿色基础设施。此外，加强信息宣传也是政府部门工作的重要内容，积极利用各种宣传渠道，通过组织构建网络信息平台、开展线下宣传活动或印发宣传册等方式提升社会公众保护意识与参与感，推动绿色基础设施长效维护。

2）提升市场维护建设力度

除政府部门外，非政府组织、规划设计部门、开发商等也是重要的参与主体，适当引入市场机制不仅能有效减轻政府绿色基础设施建设管理工作压力，也能为其发展注入新的生机与活力。可通过筹款、捐赠或赞助等形式为绿色基础设施建设提供资金支持，通过参与编制绿色基础设施总体规划、详细规划等提供技术支持，促进科学决策。在内部配套设施建设及景观维护中，市场机制同样扮演重要角色，可通过良性竞争选择合适的开发商企业，实现成本效益最大化，同时在实施建设和工程作业技术实现中提高专业水平，提升绿色基础设施建设质量。另外，还可以通过物业管理方式引入企业单位参与绿色基础设施管理及长效维护。各企业部门也应积极承担相应社会责任，严格按照相关建设管理要求执行工作，支持决策过程与宣传活动等。

3）提高公众参与程度

社会公众是绿色基础设施的主要使用人群，与绿色基础设施有着频繁的互动，其参与在要素质量提升过程中也起到重要作用。从公众角度来说，一方面在日常使用中应正确认识绿色基础设施的重要性，不断提高绿色基础设施保护意识并积极传播，对其中的活动场地、各类配套设施、花草树木水体等自觉维护，减少设施与环境破坏；同时，公众在公园等绿色基础设施内自觉遵守规定，不驾驶机动车辆，不进行违规商业活动，制止不文明行为等，维护良好的环境氛围。另一方面，公众可积极参与规划建设管理，通过向有关部门献计献策、个人捐款赞助等来支持决策，对绿色基础设施状况及时提出反馈意见，助力维护管理工作，充分发挥监督作用，还可以以志愿者或民间组织的形式加入绿色基础设施管理队伍，弥补政府部门和市场的不足，成为绿色基础设施保护的中坚力量。

10.4　优化前后对比分析

运用生态安全格局法对绿色基础设施进行优化。通过优化前后连通性、供给能力及供需匹配关系的对比分析，验证供需均衡下绿色基础设施格局优化的成效。

10.4.1　连通性得到提高

绿色基础设施连通性总体提高了 17.9%，由 0.0447 增加到 0.0527，总供给能力也由 6.83 亿元增加到 8.05 亿元,反映了生态安全下的格局优化对南京市境内绿色基础设施连通性提升有较好的影响,能有效提升其总供给能力(图 10.8)。

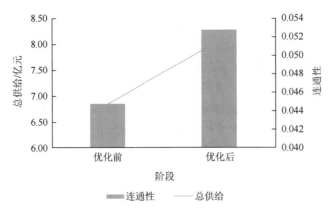

图 10.8　优化前后绿色基础设施提升情况

在空间上,玄武区、雨花台区和溧水区由于生态廊道穿过多个较大的绿色基础设施斑块,软件识别时形成较多分散的小型斑块,进而影响其连通性和总供给能力,其连通性总体均下降了 25% 以上,溧水区更是达到了 38.5%;其他各区的连通性和总供给能力有所增加。其中,秦淮区增幅最大,连通性和供给能力分别增加了 367.27% 和 365.22%;其次为建邺区、栖霞区、江宁区和高淳区,增加幅度均达到 30% 以上;鼓楼区、浦口区和六合区的增幅较小,不到 20%(表 10.7)。

表 10.7　优化前后各行政区绿色基础设施变化

行政区	优化前		优化后	
	连通性	供给/万元	连通性	供给/万元
鼓楼区	0.729 7	575.38	0.829 6	654.21
玄武区	0.024 5	1 031.98	0.017 4	735.71
建邺区	0.528 0	2 064.24	0.884 2	3 456.90
秦淮区	0.005 5	158.69	0.025 7	738.25
栖霞区	0.063 5	6 227.92	0.106 2	10 406.10
雨花台区	0.231 1	1 117.92	0.171 4	829.10
浦口区	0.041 6	9 110.19	0.047 7	10 431.16
六合区	0.013 0	11 160.03	0.015 3	13 111.06
江宁区	0.015 4	14 444.82	0.020 8	19 561.48
溧水区	0.020 0	15 512.30	0.012 3	9 507.64
高淳区	0.023 9	7 950.66	0.033 3	11 098.96

10.4.2　供给能力得以提升

除主要的建成区、农业种植区和南部的水产养殖集中区以外，绿色基础设施供给能力普遍得到较大的提升，供给提供区域的面积达 4229.08 km²，占比达 64.19%。供给提升最高的区域为长江沿线，提高水平达到 50% 以上（图 10.9）。受清水通道和灌溉沟渠等与生态廊道相吻合的影响，石臼湖周边地区的生态系统供给能力大幅度提高。

图 10.9　优化后的城市绿色基础设施服务供给提升图

10.4.3　匹配关系得到优化

运用生态安全格局法进行优化后，南京市绿色基础设施供需失衡得到一定程度的改善，687.68 km² 质量提升区的绿色基础设施供给得到改善，占总体的 55.01%。

供需得到改善的区域主要集中在长江沿线和老山等地，面积为 63.81 km²，以均衡改善区为主，即均衡建设区的绿色基础设施供给能力提高，形成优势发挥区。其中，均衡改善区面积为 56.81 km²，在云台山地区呈零散分布，使该区域绿色基础设施供需关系得到了改善。质量改善区面积为 3 km²，位于南京技术经济开发区、麒麟街道和溧水区主城区，使质量提升区的绿色基础设施生态供给能力得到提升而变成均衡建设区。质量根本改善区面积为 4 km²，主要位于南京经济技术开发区、葛塘街道和滨江新城，使绿色基础设施质量提升区变成优势发挥区。总体上，运用生态安全格局优化后，长江沿线的滨江新城、浦口主城、六合副城、南京经济技术开发区以及老山附近等地区的绿色基础设施供给能力得到了较大程度的改善。

　　但仍然难以扭转主城区块、S8 区块，江宁区块、滨江新城区块、禄口新城区块、溧水副城区块、高淳副城区块等 7 个重点优化区的绿色基础设施供需失衡状况（图 10.10）。

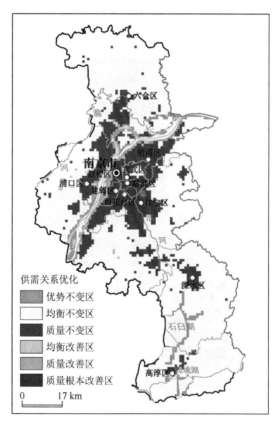

图 10.10　优化前后供需匹配关系变化

10.5　格局优化调控对策

绿色基础设施格局优化调控要以生态安全格局底线作为导向，重点优化绿色基础设施斑块、廊道和网络的结构与空间布局，促进地区绿色基础设施供需均衡发展，重点协调绿色基础设施要素与城市建成环境之间的关系，将绿色基础设施要素作为城市生态本底加以保护、以建设水平为判断城市发展和人口规模的依据、以生态廊道为城市发展骨架，实现绿色基础设施建设与社会经济发展的良性互动，推动城市高质量发展。

基于供需均衡提升有效供给水平。绿色基础设施有效供给需要从数量和质量两方面着手，一方面，根据人口规模与布局、社会经济发展需求合理调整绿色基础设施结构，增加重点优化区的数量；另一方面，实施重点修复工程，提高绿色基础设施网络的连通性和完整性，以路生态廊道、水生态廊道和绿生态廊道连接斑块，提高公园、绿地等要素的可达性和便利性，确保生态服务功能得到充分发挥。

将绿色基础设施要素作为城市生态本底加以保护。加强生态源地保护力度，保护重要的生境斑块，修复破碎化、岛屿化的斑块，提升林地、草地、水域等斑块的数量和质量，在网络中心或连接廊道无法连通的情况下，加强踏脚石、暂息地的建设，实现对网络中心和连接廊道的补充。对南京市而言，现有生态源地的生态安全性较高且地块较大，能够在提供较高生态服务功能的基础上，为各种动植物提供优质栖息地。然而，南京市生态源地分布不均，需采取如下措施进行改善。首先，需要通过政策手段增加相关法律法规，对生态源地实施有效保护，对破坏行为予以禁止。其次，在保护原有生态源地基础上，将较高生态安全水平、受人类活动干扰较小、未被纳入生态源地的生态用地作为后备生态源地，采取相关生态修复措施进行生态维护。最后，对大面积林地、河流水库以及重要的生态保护区加强保护，建立生态安全监测指标体系，进行动态监测与保护。

形成绿色基础设施建设与城市发展的良好互馈机制。依托城市重要生态廊道形成城市发展骨架，引导城市格局发展方向，促进水生态廊道、绿生态廊道及路生态廊道与新城规划建设协调发展，实现廊道网络对城市扩张的约束和导向作用，节约集约利用土地，减少对生态用地的占用，促进区域协调可持续发展，倒逼城市内涵式发展。完善绿色基础设施响应机制，从经济调控能力、人口适应能力和社会应对能力着手，合理调整供给数量和空间布局，同时以生态城市和绿色基础设施建设为契机，提升城市形象和影响力，带动地区产业向绿色化转型发展，最终实现绿色基础设施与社会经济的融合发展。

依托绿色基础设施网络构建城市生态安全体系。基于城市绿色基础设施供需适配关系、自然要素本底，以要素协同为抓手、以功能整体优化为目标，构建生态安全网络骨架，保障区域内物种的自由迁徙。根据城市生态安全与发展需要，调整生态源地、增加生态廊道和生态节点，优化绿色基础设施网络的空间布局。对已构建的生态网络进行安全监测，及时修复受损的生态廊道，保证生态安全格局的连通。按照生态安全格局对维系关键生态过程、发挥生态系统服务功能和提升多层级民生福祉的重要性，构建生态空间管控体系，实施分级、精细化管控。

构建完善绿色基础设施生态服务市场配置机制。一是充分发挥市场化配置作用达到供需适配均衡，实现区域绿色基础设施生态服务的价值显化，以市场化手段直接或间接实现资源的空间配置；二是将绿色基础设施建设所带来的土地增值和产业发展的收益部分用于后期的建设和维护，将外部性收益用于斑块、廊道等要素的建设，保障绿色基础设施建设发展的资金；三是根据生态系统结构、功能、过程和机理，制定生态保护和修复等项目目标、任务与要求，以市场方式带动绿色基础设施建设发展，将各类生态产业化项目与生态休闲旅游、生态康养以及生态科技教育等项目进行协同一体化设计，实现绿色基础设施要素与产业发展市场化融合。

参 考 文 献

安超，沈清基. 2013. 基于空间利用生态绩效的绿色基础设施网络构建方法[J]. 风景园林，（2）：22-31.

毕俊亮. 2014. 1992-2012年长江流域森林景观格局变化及驱动因素分析[D]. 武汉：华中农业大学.

蔡丽敏，殷柏慧. 2011. 区域层面绿色基础设施规划探讨[C]//中国风景园林学会. 中国风景园林学会2011年会论文集（下册）. 北京：中国建筑工业出版社：519-522.

常青，李双成，王仰麟，等. 2012. 基于稳定映射分析的深圳绿色景观时空演化及启示[J]. 地理学报，67（12）：1611-1622.

陈晨，徐威杰，张彦，等. 2019. 独流减河流域绿色基础设施空间格局与景观连通性分析的尺度效应[J]. 环境科学研究，32（9）：1464-1474.

陈康林，龚建周，陈晓越. 2017. 广州市热岛强度的空间格局及其分异特征[J]. 生态学杂志，36（3）：792-799.

陈雪. 2017. 绿洲型城镇绿色空间演变及驱动力研究——以甘州区为例[D]. 兰州：西北师范大学.

陈政. 2017. 城市商业中心对住房价格的辐射效应研究[D]. 哈尔滨：哈尔滨工业大学.

迟妍妍，许开鹏，王晶晶，等. 2018. 京津冀地区生态空间识别研究[J]. 生态学报，38（23）：8555-8563.

董仁才，姜天祺，李欢欢，等. 2018. 基于电子导航地图POI的北京城区绿色空间服务半径分析[J]. 生态学报，38（23）：8536-8543.

范小杉，高吉喜，温文. 2007. 生态资产空间流转及价值评估模型初探[J]. 环境科学研究，（5）：160-164.

付喜娥. 2018. 绿色基础设施合作建设中政府与企业演化博弈模型研究[J]. 建筑经济，39（12）：106-109.

付喜娥，吴人韦. 2009. 绿色基础设施评价（GIA）方法介述——以美国马里兰州为例[J]. 中国园林，25（9）：41-45.

傅稚青. 2017. 生态管控前置下的GI网络优化研究——以武汉都市发展区北部新城组群为例[D]. 武汉：华中科技大学.

高金龙，陈江龙，袁丰，等. 2014. 南京市区建设用地扩张模式、功能演化与机理[J]. 地理研究，33（10）：1892-1907.

宫聪. 2018. 绿色基础设施导向的城市公共空间系统规划研究[D]. 南京：东南大学.

谷心怡. 2016. 苏州绿色基础设施构建策略研究[D]. 苏州：苏州科技大学.

顾康康，程帆，杨倩倩. 2018a. 基于GISP模型的城市绿色基础设施多功能性评估[J]. 生态学报，38（19）：7113-7119.

顾康康, 江本川, 昂琳, 等. 2017. 山水文化型城市生态安全格局构建及空间发展指引研究[J]. 安徽建筑大学学报, 25 (1): 76-80.

顾康康, 杨倩倩, 程帆, 等. 2018b. 基于生态系统服务供需关系的安徽省空间分异研究[J]. 生态与农村环境学报, 34 (7): 577-583.

桂昆鹏, 徐建刚, 张翔. 2013. 基于供需分析的城市绿地空间布局优化——以南京市为例[J]. 应用生态学报, 24 (5): 1215-1223.

韩晔, 周忠学. 2015. 西安市绿地景观吸收雾霾生态系统服务测算及空间格局[J]. 地理研究, 34 (7): 1247-1258.

何侃, 林涛, 吴建芳, 等. 2021. 基于空间优先级的福州市中心城区绿色基础设施网络构建[J]. 应用生态学报, 32 (4): 1424-1432.

胡初枝, 黄贤金, 钟太洋, 等. 2008. 中国碳排放特征及其动态演进分析[J]. 中国人口·资源与环境, (3): 38-42.

胡宏. 2018. 基于绿色基础设施的美国城市雨洪管理进展与启示[J]. 国际城市规划, 33 (3): 1-2.

胡庭浩, 常江, 拉尔夫-乌韦·思博. 2021. 德国绿色基础设施规划的背景、架构与实践[J]. 国际城市规划, 36 (1): 109-119.

胡庭浩, 余慕溪. 2022. 资源型城市绿色基础设施规划理论与实证研究[M]. 南京: 东南大学出版社: 25-26.

黄征学, 蒋仁开, 吴九兴. 2019. 国土空间用途管制的演进历程、发展趋势与政策创新[J]. 中国土地科学, 33 (6): 1-9.

贾铠针. 2013. 新型城镇化下绿色基础设施规划研究[D]. 天津: 天津大学.

贾行飞, 戴菲. 2015. 我国绿色基础设施研究进展综述[J]. 风景园林, (8): 118-124.

姜芊孜, 李金煜, 梁雪原, 等. 2023. 基于文献计量的绿色基础设施水生态系统服务供需评价研究进展[J]. 生态学报, 43 (4): 1738-1747.

剧楚凝, 周佳怡, 姚朋. 2018. 英国绿色基础设施规划及对中国城乡生态网络构建的启示[J]. 风景园林, 25 (10): 77-82.

孔繁花, 尹海伟. 2008. 济南城市绿地生态网络构建[J]. 生态学报, (4): 1711-1719.

李方正, 郭轩佑, 陆叶, 等. 2017. 环境公平视角下的社区绿道规划方法——基于 POI 大数据的实证研究[J]. 中国园林, 33 (9): 72-77.

李锋, 王如松. 2004. 城市绿色空间生态服务功能研究进展[J]. 应用生态学报, (3): 527-531.

李广东, 方创琳. 2016. 城市生态—生产—生活空间功能定量识别与分析[J]. 地理学报, 71 (1): 49-65.

李开然. 2009. 绿色基础设施: 概念, 理论及实践[J]. 中国园林, 25 (10): 88-90.

李凯, 侯鹰, Skov-Petersen H, 等. 2021. 景观规划导向的绿色基础设施研究进展——基于"格局—过程—服务—可持续性"研究范式[J]. 自然资源学报, 36 (2): 435-448.

李空明, 李春林, 曹建军, 等. 2021. 基于景观生态学的辽宁中部城市群绿色基础设施 20 年时空格局演变[J]. 生态学报, 41 (21): 8408-8420.

李娜. 2017. 城市绿色基础设施规划设计研究——以北京奥运会马拉松赛道周边绿地为例[D]. 长春: 吉林农业大学.

李文华, 张彪, 谢高地. 2009. 中国生态系统服务研究的回顾与展望[J]. 自然资源学报, 24 (1): 1-10.

李文俊. 2017. 基于绿色基础设施识别的南溪湿地生态旅游区游憩空间网络构建[D].合肥：合肥工业大学.

李小马，刘常富. 2009. 基于网络分析的沈阳城市公园可达性和服务[J]. 生态学报，29（3）：1554-1562.

李莹莹. 2012. 城镇绿色空间时空演变及其生态环境效应研究——以上海为例[D]. 上海：复旦大学.

李咏华，马淇蔚，范雪怡. 2017. 基于绿色基础设施评价的城市生态带划定——以杭州市为例[J]. 地理研究，36（3）：583-591.

李远. 2016. 城市绿色基础设施（GI）网络构建与规划策略研究——以四川天府新区为例[D]. 雅安：四川农业大学.

李韵平，杜红玉. 2017. 城市公园的源起、发展及对当代中国的启示[J]. 国际城市规划，32（5）：39-43.

李振瑜. 2017. 基于干扰源识别的资源型城市绿色基础设施网络优化研究——以河北省武安市为例[D]. 北京：中国地质大学（北京）.

李志华，于洋，陈利，等. 2019. 长株潭城市群生态空间优化研究[J]. 中南林业科技大学学报（社会科学版），13（5）：33-39，72.

林鸿煜，钱晶，严力蛟，等. 2019. 基于形态学空间格局分析与 CA-Markov 模型的武义县绿色基础设施时空格局变化及情景模拟[J]. 浙江农业学报，31（7）：1193-1204.

刘滨谊，张德顺，刘晖，等. 2013. 城市绿色基础设施的研究与实践[J]. 中国园林，29（3）：6-10.

刘常富，李小马，韩东. 2010. 城市公园可达性研究——方法与关键问题[J]. 生态学报，30（19）：5381-5390.

刘海龙，石培基，李生梅，等. 2014. 河西走廊生态经济系统协调度评价及其空间演化[J]. 应用生态学报，25（12）：3645-3654.

刘鹤，蒋文伟，李静. 2014. 苍南县城绿色基础设施构建研究[J]. 西北林学院学报，29（5）：237-242.

刘纪远，王新生，庄大方，等. 2003. 凸壳原理用于城市用地空间扩展类型识别[J]. 地理学报，（6）：885-892.

刘佳，尹海伟，孔繁花，等. 2018. 基于电路理论的南京城市绿色基础设施格局优化[J]. 生态学报，38（12）：4363-4372.

刘娟娟. 2010. 城市公园绿地布点的影响因素研究[D]. 合肥：安徽农业大学.

刘颂，杨莹. 2018. 生态系统服务供需平衡视角下的城市绿地系统规划策略探讨[J]. 中国城市林业，16（2）：1-4.

刘维，周忠学，郎睿婷. 2021. 城市绿色基础设施生态系统服务供需关系及空间优化——以西安市为例[J]. 干旱区地理，44（5）：1500-1513.

刘文，陈卫平，彭驰. 2016. 社区尺度绿色基础设施暴雨径流消减模拟研究[J]. 生态学报，36（6）：1686-1697.

刘巷序. 2018. 城市扩张视角下煤炭城市 GI 优化模型研究与应用[D]. 徐州：中国矿业大学.

刘小平，黎夏，陈逸敏，等. 2009. 景观扩张指数及其在城市扩展分析中的应用[J]. 地理学报，64（12）：1430-1438.

刘志涛，王少剑，方创琳. 2021. 粤港澳大湾区生态系统服务价值的时空演化及其影响机制[J].

地理学报，76（11）：2797-2813.

陆小成. 2016. 超大城市基础设施建设与城市病治理研究——基于京津冀协同发展的思考[J]. 城市观察，（5）：54-62.

陆小成，李宝洋. 2014. 城市生态文明与绿色基础设施建设[J]. 城市管理与科技，16（3）：16-19.

陆张维，徐丽华，吴次芳，等. 2015. 基于凸壳原理的杭州城市扩展形态演化分析[J]. 地理科学，35（12）：1533-1541.

栾博，柴民伟，王鑫. 2017. 绿色基础设施研究进展[J]. 生态学报，37（15）：5246-5261.

骆新燎. 2022. 基于供需匹配的绿色基础设施格局演变及其优化——以南京市为例[D]. 北京：中国科学院大学.

马程，李双成，刘金龙，等. 2013. 基于 SOFM 网络的京津冀地区生态系统服务分区[J]. 地理科学进展，32（9）：1383-1393.

马世骏. 1981. 生态规律在环境管理中的作用——略论现代环境管理的发展趋势[J]. 环境科学学报，（1）：95-100.

毛中根，龙燕妮，叶胥. 2020. 夜间经济理论研究进展[J]. 经济学动态，（2）：103-116.

孟菲. 2020. 城市绿色基础设施效应评价与格局优化研究——以南京市为例[D]. 北京：中国科学院大学.

闵希莹，胡天新，杜澍，等. 2019. 公园城市与城市生活品质研究[J]. 城乡规划，（1）：55-64.

穆博，李华威，Mayer A L，等. 2017. 基于遥感和图论的绿地空间演变和连通性研究——以郑州为例[J]. 生态学报，37（14）：4883-4895.

裴丹. 2012. 绿色基础设施构建方法研究述评[J]. 城市规划，36（5）：84-90.

彭慧蕴. 2017. 社区公园恢复性环境影响机制及空间优化——以重庆市主城区为例[D].重庆：重庆大学.

彭慧蕴，谭少华. 2018. 城市公园环境的恢复性效应影响机制研究——以重庆为例[J]. 中国园林，34（9）：5-9.

钱晶. 2020. 长三角城市群绿色基础设施时空格局变化特征研究[D]. 杭州：浙江大学.

邱岳，韦素琼，陈进栋. 2011. 基于场强模型的海西区地级及以上城市影响腹地的空间格局[J]. 地理研究，30（5）：795-803.

任洁. 2013. "绿色基础设施"专项研究——以新疆五一新镇规划为例[D]. 北京：清华大学.

任洁. 2019. 城市绿色基础设施[M]. 北京：中国建筑工业出版社：12-24.

阮俊杰，沙晨燕，王卿，等. 2012. 海峡西岸经济区森林格局及其变化特征分析[J]. 水土保持研究，19（6）：117-121，126，311.

尚晓晓. 2020. 绿色基础设施生态系统服务价值变化研究——以长三角一体化示范区为例[D]. 上海：上海师范大学.

沈清基. 2005. 《加拿大城市绿色基础设施导则》评介及讨论[J]. 城市规划学刊，（5）：98-103.

盛硕. 2018. 综合效益导向下的城市新区绿色基础设施构建研究——以济南市西部新城为例[D]. 济南：山东建筑大学.

史贝贝，冯晨，张妍，等. 2017. 环境规制红利的边际递增效应[J]. 中国工业经济，（12）：40-58.

舒平，刘梦珂. 2019. 香港郊野公园景观规划设计探析[J]. 艺术与设计（理论），2（3）：75-77.

苏力德，杨劼，万志强，等. 2015. 内蒙古地区草地类型分布格局变化及气候原因分析[J]. 中国农业气象，36（2）：139-148.

苏文航. 2015. 基于生态服务功能的村镇绿色基础设施规划方法及应用——以珠海斗门镇为例[D]. 哈尔滨：哈尔滨工业大学.

孙海清, 许学工. 2007. 北京绿色空间格局演变研究[J]. 地理科学进展, （5）：48-56, 127-128.

孙强, 蔡运龙, 王乐. 2007a. 北京耕地流失的时空特征与驱动机制[J]. 资源科学, （4）：158-163.

孙强, 蔡运龙, 王乐. 2007b. 基于土地利用类型的绿色空间生态评估——以北京市通州区重点新城为例[J]. 中国土地科学, （1）：36-42.

汪东川, 孙志超, 孙然好, 等. 2019. 京津冀城市群生态系统服务价值的时空动态演变[J]. 生态环境学报, 28（7）：1285-1296.

王蓓, 陈青扬. 2016. 基于生态视角的城市老旧住区环境修复探析[J]. 建筑与文化, （5）：116-117.

王冰意. 2018. 基于绿色基础设施理念的小城镇公园设计研究——以海宁盐仓公园为例[D]. 杭州：浙江农林大学

王慧, 吴晓, 强欢欢. 2015. 进城农民聚居空间和城市居住空间的关联研究——以南京市主城区为实证[J]. 城市规划, 39（5）：52-61.

王宏亮, 高艺宁, 王振宇, 等. 2020. 基于生态系统服务的城市生态管理分区——以深圳市为例[J]. 生态学报, 40（23）：8504-8515.

王晶晶, 尹海伟, 孔繁花, 等. 2017. 基于供需匹配度视角的环太湖区域绿色基础设施网络构建[J]. 城市建筑, （36）：19-24.

王丽, 邓羽, 刘盛和, 等. 2011. 基于改进场模型的城市影响范围动态演变——以中国中部地区为例[J]. 地理学报, 66（2）：189-198.

王女英, 孙鸣喆, 王慧, 等. 2015. 北京市城市公园时空发展特征及影响因素研究[J]. 首都师范大学学报（自然科学版）, 36（1）：70-76.

王秀明, 赵鹏, 龙颖贤, 等. 2022. 基于生态安全格局的粤港澳地区陆域空间生态保护修复重点区域识别[J]. 生态学报, 42（2）：450-461.

王云才, 申佳可, 彭震伟, 等. 2018. 适应城市增长的绿色基础设施生态系统服务优化[J]. 中国园林, 34（10）：45-49.

王云才, 熊哲昊. 2018. 城市生态复兴中"供需适应"的绿色基础设施及其发展[J]. 城市建筑, （33）：6-10.

危聪宁. 2016. 深圳城中村海绵化景观改造策略研究[D]. 哈尔滨：哈尔滨工业大学.

魏帆. 2021. 湿地公园生态修复及景观设计研究——以岐山落星湾湿地公园为例[D]. 西安：西安建筑科技大学.

魏家星, 宋轶, 王云才, 等. 2019. 基于空间优先级的快速城市化地区绿色基础设施网络构建——以南京市浦口区为例[J]. 生态学报, 39（4）：1178-1188.

吴健生, 司梦林, 李卫锋. 2016. 供需平衡视角下的城市公园绿地空间公平性分析—以深圳市福田区为例[J]. 应用生态学报, 27（9）：2831-2838.

吴思琦. 2018. 基于 ArcGIS 平台的北京大型公园空间格局及演变机制研究[D]. 北京：北方工业大学.

吴伟, 付喜娥. 2009. 绿色基础设施概念及其研究进展综述[J]. 国际城市规划, 24（5）：67-71.

吴晓. 2019. 绿色基础设施生态系统服务供需及景观格局优化研究——以大西安地区为例[D]. 西安：陕西师范大学.

吴晓, 周忠学. 2019. 城市绿色基础设施生态系统服务供给与需求的空间关系——以西安为例[J]. 生态学报，39（24）：9211-9221.

肖华斌，盛硕，安淇，等. 2019. 供给–需求匹配视角下城市绿色基础设施空间分异识别及优化策略研究——以济南西部新城为例[J]. 中国园林，35（11）：65-69.

谢高地，张彩霞，张昌顺，等. 2015. 中国生态系统服务的价值[J]. 资源科学，37（9）：1740-1746.

谢于松，王倩娜，罗言云. 2020, 基于 MSPA 的市域尺度绿色基础设施评价指标体系构建及应用——以四川省主要城市为例[J]. 中国园林，36（7）：87-92.

邢忠，汤西子，周茜，等. 2020. 城市边缘区绿色基础设施网络规划研究——公益性产出保障导向[J]. 城市规划，44（12）：57-69.

徐昀，朱喜钢. 2008. 近代南京城市社会空间结构变迁——基于 1929、1947 年南京城市人口数据的分析[J]. 人文地理，23（6）：17-22.

徐康宁，陈丰龙，刘修岩. 2015. 中国经济增长的真实性：基于全球夜间灯光数据的检验[J]. 经济研究，50（9）：17-29，57.

徐新良，刘纪远，张增祥，等. 2017. 中国 5 年间隔陆地生态系统空间分布数据集（1990-2010）内容与研发[J]. 全球变化数据学报（中英文），1（1）：52-59，175-182.

许峰，秦成. 2015. 地下水环境质量评价——基于粗糙集理论和灰色关联系数矩阵的 TOPSIS 模型. 南水北调与水利科技[J]，13（6）：1097-1100，1109.

颜文涛，邢忠，叶林. 2007. 基于综合用地适宜度的农村居民点建设规划——以宝鸡市台塬区新农村建设为例[J]. 城市规划学刊，（2）：67-71.

杨佳杰. 2017. 基于生态系统服务价值的绿色基础设施评价研究——以武汉市黄陂区为例[D]. 武汉：华中科技大学.

杨利，石彩霞，谢炳庚. 2019. 长江流域国家湿地公园时空演变特征及其驱动因素[J]. 经济地理，39（11）：194-202.

杨振山，张慧，丁悦，等. 2015. 城市绿色空间研究内容与展望[J]. 地理科学进展，34（1）：18-29.

姚晔，刘迪. 2013. 基于 POE 理论的迁安市三里河生态廊道社会效益评价[J]. 农业科技与信息（现代园林），10（1）：56-62.

尹海伟，徐建刚，孔繁花. 2009. 上海城市绿地宜人性对房价的影响[J]. 生态学报，29（8）：4492-4500.

应君，张一奇. 2022. 小城镇绿色基础设施体系构建研究[M]. 北京：中国林业出版社：38-39.

于亚平，尹海伟，孔繁花，等. 2016. 基于 MSPA 的南京市绿色基础设施网络格局时空变化分析[J]. 生态学杂志，35（6）：1608-1616.

余瑞林，周葆华，刘承良. 2009. 安庆沿江湿地景观格局变化及其驱动力[J]. 长江流域资源与环境，18（6）：522-527.

俞孔坚. 1999. 生物保护的景观生态安全格局[J]. 生态学报，（1）：8-15.

喻晓蓉. 2014. 绿色基础设施理念在城市总体规划中的应用研究[D]. 广州：华南理工大学.

袁熠. 2015. 基于 GIS 网络分析的北京市城区公园绿地可达性研究[D]. 济南：山东大学.

张晋石. 2009. 绿色基础设施——城市空间与环境问题的系统化解决途径[J]. 现代城市研究，24（11）：81-86.

张晶，许云飞，陈丹. 2016. 湿地型绿色基础设施的规划设计途径与案例[J]. 规划师，32（12）：26-30.

张秋明. 2004. 绿色基础设施[J]. 国土资源情报，（7）：35-38.

张婷. 2015. 渭干河流域生态服务空间流转对居民福祉的影响[D]. 焦作：河南理工大学.

张炜. 2017. 城市绿色基础设施的生态系统服务评估和规划设计应用研究[D]. 北京：北京林业大学.

张炜，刘晓明. 2019. 武汉市蓝绿基础设施调节和支持服务价值评估研究[J]. 中国园林，35（10）：51-56.

张文慧，蔡利平，昌晓.2019.山东省生态用地时空演变格局及其影响因素[J].资源开发与市场，35（6）：794-799，844.

张云路，李雄. 2013. 基于绿色基础设施构建的漠河北极村生态景观规划研究[J]. 中国园林，29（9）：55-59.

张云路，李雄，王鑫.2015. 基于绿色基础设施空间转译的村镇绿地分类体系探索[J]. 中国园林，31（12）：9-13.

赵晨洋，张青萍.2014. 绿色基础设施的规划模式研究——以南京仙林副城为例[J]. 林业科技开发，28（5）：136-140.

赵海霞，范金鼎，骆新燎，等.2022. 绿色基础设施格局变化及其驱动因素——以南京市为例[J]. 生态学报，42（18）：7597-7611.

赵海霞，王淑芬，孟菲，等.2020. 绿色空间格局变化及其驱动机理——以南京都市区为例[J]. 生态学报，40（21）：7861-7872.

赵江，沈刚，严力蛟，等.2016. 海岛生态系统服务价值评估及其时空变化——以浙江舟山金塘岛为例[J]. 生态学报，36（23）：7768-7777.

赵燕如，邹自力，张晓平，等.2019. 基于 LEI 和 MSPA 的南昌市城市扩张类型与生态景观类型变化关联分析[J]. 自然资源学报，34（4）：732-744.

赵英杰，张莉，马爱峦.2018.南京市公园绿地空间可达性与公平性评价[J].南京师范大学学报（工程技术版），18（1）：79-85.

朱振国，姚士谋，许刚. 2003. 南京城市扩展与其空间增长管理的研究[J]. 人文地理，（5）：11-16.

卓莉，张晓帆，郑璟，等. 2015. 基于 EVI 指数的 DMSP/OLS 夜间灯光数据去饱和方法[J]. 地理学报，70（8）：1339-1350.

宗敏丽. 2015. 城市绿色基础设施网络构建与规划模式研究[J]. 上海城市规划，（3）：104-109.

Artmann M，Bastian O，Grunewald K. 2017. Using the concepts of green infrastructure and ecosystem services to specify Leitbilder for compact and green cities —the example of the landscape plan of Dresden（Germany）[J]. Sustainability，9（2）：1-26.

Benedict M A，Allen W，McMahon E T. 2004. Advancing strategic conservation in the commonwealth of Virginia：using a green infrastructure approach to conserving and managing the commonwealth's natural areas，working landscapes，open space，and other critical resources[R]. Washington D.C.：The Conservation Fund.

Benedict M A，McMahon E T. 2002. Green infrastructure：smart conservation for the 21st century[J]. Renewable Resources Journal，20（3）：12-17.

Bratieres K，Fletcher T D，Deletic A，et al. 2008. Nutrient and sediment removal by stormwater biofilters：a large-scale design optimisation study[J]. Water Research，42（14）：3930-3940.

Chang Q，Liu X，Wu J，et al. 2015. MSPA-based urban green infrastructure planning and management approach for urban sustainability：case study of Longgang in China[J]. Journal of Urban

Planning and Development，141（3）：A5014006.

Demuzere M，Orru K，Heidrich O，et al. 2014. Mitigating and adapting to climate change：multi-functional and multi-scale assessment of green urban infrastructure[J]. Journal of Environmental Management，146：107-115.

Hickman C. 2013. "To brighten the aspect of our streets and increase the health and enjoyment of our city"：the National Health Society and urban green space in late-nineteenth century London[J]. Landscape and Urban Planning，118：112-119.

Hostetler M，Allen W，Meurk C. 2011. Conserving urban biodiversity? Creating green infrastructure is only the first step[J]. Landscape and Urban Planning，100（4）：369-371.

Johnson C，Tilt J H，Ries P D，et al. 2019. Continuing professional education for green infrastructure：fostering collaboration through interdisciplinary trainings[J]. Urban Forestry & Urban Greening，41：283-291.

Kaim D. 2017. Land cover changes in the Polish Carpathians Based on repeat photography[J]. Carpathian Journal of Earth and Environmental Sciences，12（2）：485-498.

Keeley M，Koburger A，Dolowitz D P，et al. 2013. Perspectives on the use of green infrastructure for stormwater management in Cleveland and Milwaukee[J]. Environmental Management，51（6）：1093-1108.

Kim G，Miller P A. 2019. The impact of green infrastructure on human health and well-being：the example of the Huckleberry Trail and the Heritage Community Park and Natural Area in Blacksburg，Virginia[J]. Sustainable Cities and Society，48：101562.

Koen E L，Bowman J，Sadowski C，et al. 2014. Landscape connectivity for wildlife：development and validation of multispecies linkage maps[J]. Methods in Ecology and Evolution，5（7）：626-633.

Kousky C，Olmstead S M，Walls M A，et al. 2013. Strategically placing green infrastructure：cost-effective land conservation in the floodplain[J]. Environmental Science & Technology，47（8）：3563-3570.

Kumar P，Druckman A，Gallagher J，et al. 2019. The nexus between air pollution，green infrastructure and human health[J]. Environment International，133：105181.

Leonard P B，Duffy E B，Baldwin R F，et al. 2016. Gflow：software for modelling circuit theory-based connectivity at any scale[J]. Methods in Ecology and Evolution，8（4）：519-526.

Li L，Bergen J M. 2018. Green infrastructure for sustainable urban water management：practices of five forerunner cities[J]. Cities，74：126-133.

Lin X J，Xu M，Cao C X，et al. 2018. Land-use/land-cover changes and their influence on the ecosystem in Chengdu city，China during the period of 1992–2018[J]. Sustainability，10（10）：3580.

Lovell S T，Taylor J R. 2013. Supplying urban ecosystem services through multifunctional green infrastructure in the United States[J]. Landscape Ecology，28（8）：1447-1463.

Manes F，Marando F，Capotorti G，et al. 2016. Regulating ecosystem services of forests in ten Italian metropolitan cities：air quality improvement by PM_{10} and O_3 removal[J]. Ecological Indicators，67：425-440.

McRae B H, Beier P. 2007. Circuit theory predicts gene flow in plant and animal populations[J]. Proceedings of the National Academy of Sciences of the United States of America, 104（50）: 19885-19890.

Morris K I, Chan A, Morris K J K, et al. 2017. Impact of urbanization level on the interactions of urban area, the urban climate, and human thermal comfort[J]. Applied Geography, 79: 50-72.

Navarrete-Hernandez P, Laffan K. 2019. A greener urban environment: designing green infrastructure interventions to promote citizens' subjective wellbeing[J]. Landscape and Urban Planning, 191: 103618.

Netusil N R, Levin Z, Shandas V, et al. 2014. Valuing green infrastructure in Portland, Oregon[J].Landscape and Urban Planning, 124: 14-21.

Norton B A, Coutts A M, Livesley S J, et al. 2015. Planning for cooler cities: a framework to prioritise green infrastructure to mitigate high temperatures in urban landscapes[J]. Landscape and Urban Planning, 134: 127-138.

Nüsser M. 2001. Understanding cultural landscape transformation: a re-photographic survey in Chitral, eastern Hindukush, Pakistan[J]. Landscape and Urban Planning, 57（3/4）: 241-255.

Nutsford D, Pearson A L, Kingham S. 2013. An ecological study investigating the association between access to urban green space and mental health[J]. Public Health, 127（11）: 1005-1011.

Pakzad P, Osmond P. 2016. Developing a sustainability indicator set for measuring green infrastructure performance[J]. Procedia-Social and Behavioral Sciences, 216: 68-79.

Pugh T A M, MacKenzie A R, Whyatt J D, et al. 2012. Effectiveness of green infrastructure for improvement of air quality in urban street canyons[J]. Environmental Science & Technology, 46（14）: 7692-7699.

Raei E, Alizadeh M R, Nikoo M R, et al. 2019. Multi-objective decision-making for green infrastructure planning（LID-BMPs）in urban storm water management under uncertainty[J]. Journal of Hydrology, 579: 124091.

Ramyar R, Saeedi S, Bryant M, et al. 2020. Ecosystem services mapping for green infrastructure planning —the case of Tehran[J]. Science of the Total Environment, 703: 135466.

Ronchi S, Arcidiacono A, Pogliani L. 2020. Integrating green infrastructure into spatial planning regulations to improve the performance of urban ecosystems. Insights from an Italian case study[J]. Sustainable Cities and Society, 53: 101907.

Schilling J, Logan J. 2008. Greening the Rust Belt: a green infrastructure model for right sizing America's shrinking cities[J]. Journal of the American Planning Association, 74（4）: 451-466.

Teotónio I, Silva C M, Cruz C O. 2018. Eco-solutions for urban environments regeneration: the economic value of green roofs[J]. Journal of Cleaner Production, 199: 121-135.

Tiwary A, Williams I D, Heidrich O, et al. 2016. Development of multi-functional streetscape green infrastructure using a performance index approach[J]. Environmental Pollution, 208: 209-220.

Tzoulas K, Korpela K, Venn S, et al. 2007. Promoting ecosystem and human health in urban areas using Green Infrastructure: a literature review[J]. Landscape and Urban Planning, 81（3）: 167-178.

Venkataramanan V, Packman A I, Peters D R, et al. 2019. A systematic review of the human health and social well-being outcomes of green infrastructure for stormwater and flood management[J]. Journal of Environmental Management，246：868-880.

Wang J X，Xu C，Pauleit S，et al. 2019a. Spatial patterns of urban green infrastructure for equity：a novel exploration[J]. Journal of Cleaner Production，238：117858.

Wang Y F，Ni Z B，Chen S Q，et al. 2019b. Microclimate regulation and energy saving potential from different urban green infrastructures in a subtropical city[J]. Journal of Cleaner Production，226：913-927.

Wickham J，Riitters K，Vogt P，et al. 2017. An inventory of continental U.S. terrestrial candidate ecological restoration areas based on landscape context[J]. Restoration Ecology,25(6):894-902.

Xiao Y，Wang Z，Li Z G，et al. 2017. An assessment of urban park access in Shanghai —implications for the social equity in urban China[J]. Landscape and Urban Planning，157：383-393.

Zhang J Y，Zhang Y，Yang Z F. 2011. Ecological network analysis of an urban energy metabolic system[J]. Stochastic Environmental Research and Risk Assessment，25（5）：685-695.

Zhao H X，Gu B J，Lindley S，et al. 2022a. Effects of increased vegetation cover and green economic development pathway：evidence from China[J]. Polish Journal of Environmental Studies,32(1)：461-478.

Zhao H X，Jiang X W，Gu B J，et al. 2022b. Evaluation and functional zoning of the ecological environment in urban space — a case study of Taizhou，China[J]. Sustainability，14（11）：6619.

Zhao H X，Zhu T Y，Wang S F，et al. 2022c. Study on the changes of urban green space with remote sensing data：a comparison of Nanjing and Greater Manchester[J]. Polish Journal of Environmental Studies，31（1）：461-474.

Zhu Z Q，Ren J，Liu X，2019. Green infrastructure provision for environmental justice：application of the equity index in Guangzhou，China[J]. Urban Forestry & Urban Greening，46：126443.

附　　录

南京市绿色基础设施调查问卷

尊敬的朋友，您好！

非常感谢您抽出宝贵的时间填写本次关于南京市绿色基础设施的调查问卷，收集的数据仅用作研究，无须记名，您不必有任何顾虑。谢谢您的真诚合作，祝您全家幸福安康！

第一部分

（1）性别：a. 男　b. 女

（2）年龄：a. 18 岁以下　b. 18～29 岁　c. 30～44 岁　d. 45～59 岁
　　　　　　　　　　　　　e. 60 岁及以上

（3）学历：a. 初中及以下　b. 高中、中专　c. 专科、本科　d. 研究生及以上

（4）身份：a. 本地常住居民　b. 暂住居民　c. 短期游客　d. 其他_____

第二部分

（5）您多久来此地一次：a. 每天　b. 一周 3～4 次　c. 一周 1～2 次
d. 一个月一次　e. 偶尔一次　f. 其他

（6）您一般怎么来此地：a. 步行　b. 自行车、电动车　c. 公交、地铁
d. 私家车　e. 其他

（7）您到达此地需要多久：a. 15 分钟以内　b. 15～30 分钟（不含）　c. 30～60 分钟（不含）　d. 1 小时及以上

（8）您一般在此地停留多久：a. 半小时　b. 半小时至 1 小时　c. 1 小时至 2 小时　d. 2 小时以上

（9）您来此地主要进行哪些活动（可多选）：

a. 运动健身（□散步　□跑步　□健身　□跳舞　□打球　□打太极）

b. 休闲娱乐（□游玩　□休息　□带小孩玩　□放风筝　□下棋　□唱歌
□看书　□遛狗）

c. 社会交往（□聚餐　□露营　□野餐）

d. 社群组织活动（□单位活动　□教育宣传　□亲子活动）

e. 其他_____

第三部分

（10）以下各项功能及设施对您来说需求程度如何？

功能及设施	很需要	比较需要	一般	不太需要	不需要
体育健身、促进身体健康					
缓解压力、放松心情、改善精神状态					
净化空气、降低温度、改善生态环境					
保护生物多样性					
美化城市景观、彰显城市活力					
促进科普知识教育、文化教育					
花草树木水体等自然景观					
活动场地、娱乐健身设施					
座椅、亭、廊等休息设施					
道路、指示牌、灯光照明、停车场等服务设施					
厕所、垃圾桶等卫生设施					
整体环境、空间氛围及安全舒适感					
设施管理维护、治安服务					

（11）您觉得哪里还需要提高改善？
□各类设施　□景观环境　□公园管理　□其他
（12）您更倾向于哪类绿色基础设施？
□景观环境优美、绿化好的　□休憩座椅较多的
□活动场地较多的　　　　　□各类服务设施齐全的
□体育锻炼健身设施较多的　□文化氛围较好的

后　记

　　人与自然和谐共生是中国式现代化的本质要求,美丽是中国式现代化主要目标之一,绿色基础设施建设发展是支撑美丽城乡建设的重要根基,因此,绿色基础设施研究可以说是一项紧跟国家战略大局的时代命题。本书将绿色基础设施作为表达人与自然和谐共生程度的一种物质实体,从应用基础研究视角探析绿色基础设施与新型城镇化生态环境安全保障的相互作用关系、驱动机理和调控对策。本书提出的基础理论、方法体系以及应用案例可为将来使用本书的城市建设规划工作者、科研院所同行、高校师生及其他读者提供参考与启示。

　　作者在写作过程中认真学习和研究了近年城市规划等领域著者撰写的相关书籍与文献,其基础理论与方法体系的薄弱之处正是本书写作中反复研讨与剖析的重点。同时,在本书的撰写过程中,新的理念、方法及实践案例不断出现,动态丰富了本书的参考素材,但也为如何体现绿色基础设施理论与方法体系的系统性、完整性提出了更高要求,写作团队的思路一直不断优化调整,期望将团队近年多项研究成果的新颖性、实效性较好地展现出来。

　　本书的撰写得到了董雅文研究员的悉心指导和大力支持;曲福田教授在本书初稿形成中给予了重要指导;团队王淑芬、孟菲、骆新燎的硕士学位毕业论文及其他成员近年来的系列研究成果为本书提供了基础素材;研究助理王俊淇为初稿的编排提供了很大帮助。此外,书中的图表制作与内容校对也得到了顾斌杰、范金鼎、李欣、陈勇杰等硕士研究生和王蒙等研究助理的帮助。本书的撰写还得到了南京大学朱晓东教授、袁增伟教授及学术界其他同行的关心指导与资料支持。在此,谨向他们表示衷心的感谢!

　　当然,本书难免存在不足之处,欢迎各位读者批评指正!